BIM 建筑与装饰工程计量实训教程

杨 韬 姜丽艳 主 编

U0283707

中国建材工业出版社

图书在版编目（CIP）数据

BIM建筑与装饰工程计量实训教程 / 杨韬，姜丽艳主编. —北京：中国建材工业出版社，2018.5
ISBN 978-7-5160-2242-9

Ⅰ.①B… Ⅱ.①杨… ②姜… Ⅲ.①建筑装饰－建筑造价管理－应用软件－高等职业教育－教材　Ⅳ.①TU723-3-39

中国版本图书馆CIP数据核字（2018）第086361号

内 容 简 介

为了适应BIM技术在建筑工程领域的应用，我们特结合广联达科技股份有限公司的BIM算量软件，采用任务驱动的项目教学方式，以工程实际案例为基础，让学生完成实际工程的工程量计算，以提高学生的学习兴趣。

本书分九个项目进行展开论述，按照分部分项的工程量计算更贴近实际，适合工程造价、工程管理类职业类院校学生学习使用。

BIM建筑与装饰工程计量实训教程

杨 韬 姜丽艳 主 编

出版发行：中国建材工业出版社
地　　址：北京市海淀区三里河路1号
邮　　编：100044
经　　销：全国各地新华书店
印　　刷：北京雁林吉兆印刷有限公司
开　　本：787mm×1092mm　1/16
印　　张：11
字　　数：280千字
版　　次：2018年5月第1版
印　　次：2018年5月第1次
定　　价：30.00元

本社网址：www.jccbs.com　　微信公众号：zgjcgycbs
本书如出现印装质量问题，由我社市场营销部负责调换。联系电话：(010)88386906

主　编：杨　韬　姜丽艳

副主编：李瑞雁　陈志宏　董立平

参　编：周洪靖　李　凌　孙继平

序

我国建筑业体量大但信息化水平低，存在较大提升空间。建筑业产值利润率低下，倒逼业主提升信息化水平。国外企业的成功经验表明信息化手段已成为降低建设项目成本的最佳途径，国内企业面对竞争越来越激烈的建筑市场存在通过信息化技术打造自身核心竞争力的动力。BIM 推动建筑信息化新一轮升级，BIM 是以三维数字技术为基础，集成了建筑工程项目各种相关信息的工程数据模型。BIM 在国家政策的推动下，得到了迅速的发展，然而，掌握 BIM 技术的各层级人才已经成为建筑相关企业信息化发展的瓶颈。

BIM 算量技能已经成为国内造价与施工技术人员必备职业技能，广联达科技股份有限公司的 BIM 算量产品为广大造价人员所喜爱，是计量工作中不可或缺的好帮手，也是造价专业、施工技术专业学生就业时的一项必备职业技能。

本教程以实际工作的案例为基础，采用任务驱动的项目化教学方式让学生完成实际工程的工程量计算，学生在课堂中所学即为所用，通过任务化的方式，让学生随时可以看到自己的学习成果，提高了学生学习的兴趣，从而达到乐学的目的。

本教程将传统的计量工作，通过 BIM 算量软件进行计算，学生从繁重枯燥的重复计算转化为轻松有趣的画图，不仅大大地提高了计量的效率，也让学生一毕业即可成为计量能手。

本教程凝聚了编者们扎实的理论功底和丰富的实践经验，是培养 BIM 计量能力的好教程。

广联达科技股份有限公司

王全杰

2018.4

前　言

根据当前经济社会发展需要和技能人才培养规律，结合职业院校工程造价专业人才培养方案的要求，深入贯彻一体化课改进程，特组织编写本教材。

教材编写主要以现行的《房屋建筑与装饰工程工程量计算规范》（GB 50854—2013）《吉林省建筑工程计价定额》《吉林省装饰工程计价定额》的内容为主线，以工作过程为导向构建教材体系。既考虑到专业内容的基础性和时效性，又考虑到专业内容的职业性和创新性，同时依托广联达 BIM 计量软件，强化技能训练，真正落实"理实一体"，突出"做中学，学中做"的职业教育理念。

在本教材编写的过程中，得到了广联达软件股份有限公司等各界企业同仁的大力支持，在此深表感谢！

本教程适用于职业院校工程造价专业、建筑施工技术专业及其他建筑类相关专业教学用书，同时也可作为建筑类施工、咨询企业员工培训参考用书。

由于编者水平有限，编写时间仓促，书中难免有不足之处，恳请广大读者批评指正。

编者

2018 年 4 月

目　　录

项目 1　混凝土工程工程量计算

项目描述：周某是一大型建筑施工企业的项目经理，其所在的项目部负责某住宅项目高层住宅部分的建造任务，结构形式均为框架剪力墙结构。由于混凝土的用量比较大，又正值施工旺季，需要提前向材料供应商订购商品混凝土，周经理将这一任务交给了项目部中负责成本的小杨，小杨当前主要工作是及时准确统计各栋号主体结构的商品混凝土用量，并提交数据给材料采购部，以确保施工顺利进行。

任务 1.1　混凝土柱工程量计算

> **知识目标：**
> 1. 了解混凝土柱工程量清单项目名称、项目特征描述等内容；
> 2. 理解混凝土柱工程量计算规则；
> 3. 掌握混凝土柱工程量计算方法。
>
> **能力目标：**
> 1. 能够计算混凝土柱工程量；
> 2. 能够运用软件计算混凝土柱工程量。

1.1.1　任务分析

混凝土柱工程中各分项工程工程量的计算是完成混凝土项目造价的基本工作之一，也是造价人员在造价管理工作中应具备的最基本能力。本次任务包括：（1）明确混凝土柱相关项目名称设置依据；（2）领会《房屋建筑与装饰工程工程量计算规范》（GB 50854—2013）（下称规范）及吉林省建筑（装饰）工程计价定额（下称《定额》中关于矩形柱、构造柱和异形柱等项目的相关规定及工程量计算规则；（3）通过算量软件完成矩形柱、构造柱和异形柱等分项工程量计量工作。

1.1.2　相关知识

1. 工程量清单项目设置

依据规范中的规定，常见的现浇混凝土柱工程量清单项目包括矩形柱、构造柱和异形柱。清单项目设置、项目编码、项目特征描述内容、计量单位、工程量计算规则及工作内容等按表 1.1-1 执行。

2. 工程量计算规则的应用

（1）有梁板柱高，应按柱基上表面（或楼板上表面）至上一层楼板上表面之间的高度计算。

表 1.1-1　现浇混凝土柱

项目编码	项目名称	项目特征	计量单位	工程量计算规则	工作内容
010502001	矩形柱	1. 混凝土种类 2. 混凝土强度等级	m³	按设计图示尺寸以体积计算	1. 模板及支架（撑）制作、安装、拆除、堆放、运输及清理模内杂物、刷隔离剂等 2. 混凝土制作、运输、浇筑、振捣、养护
010502002	构造柱				
010502003	异形柱	1. 柱形状 2. 混凝土种类 3. 混凝土强度等级			

（2）无梁板的柱高，应按柱基上表面（或楼板上表面）至柱帽下表面之间的高度计算。

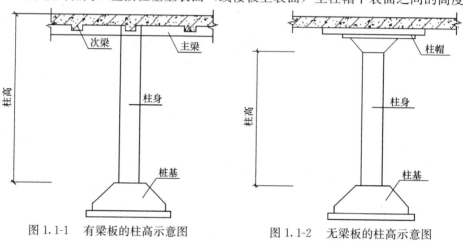

图 1.1-1　有梁板的柱高示意图　　　图 1.1-2　无梁板的柱高示意图

（3）框架柱的柱高，应按柱基上表面至柱顶高度计算。

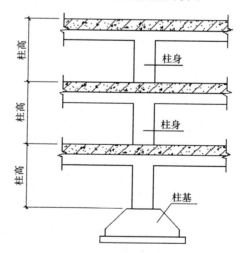

图 1.1-3　框架柱柱高示意图

例 1.1-1：计算 1♯实验楼 KZ1～KZ4 的混凝土工程量，详见结施-2。

KZ1：$V_1 = 0.5 \times 0.5 \times (1.3 + 4.2 + 3.6) \times 4 = 9.10 \text{m}^3$

KZ2：$V_2 = 0.45 \times 0.45 \times (1.3 + 4.2 + 3.6) \times 2 = 3.69 \text{m}^3$

KZ3：$V_3 = 0.4 \times 0.4 \times (1.3 + 4.2 + 3.6) \times 3 = 4.37 \text{m}^3$

KZ4：$V_4 = 0.45 \times 0.45 \times (1.3 + 4.2 + 3.6) \times 6 = 11.06\text{m}^3$

（4）构造柱按全高计算，嵌接墙体部分（马牙槎）并入柱身体积。详见图1.1-4和图1.1-5。

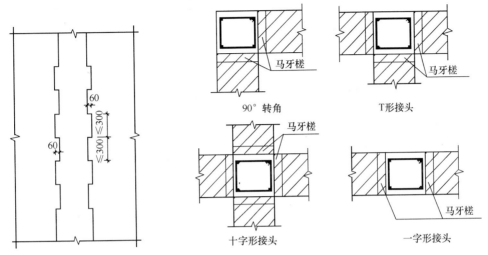

图1.1-4　构造柱剖面示意图　　　　　图1.1-5　构造柱平面形状示意图

设构造柱边长分别为 a、b，n_1、n_2 分别为对应 a、b 边马牙槎的个数，h 为柱高，则：

构造柱体积：$V = (a \times b + 0.03 \times a \times n_1 + 0.03 \times b \times n_2) \times h$

例题1.1-2：建筑物内，一处纵横内墙体交接处设置构造柱，混凝土强度等级C25，平面形状呈T字形，墙厚均为240mm，若构造柱全高15m，计算构造柱体积为。

依题意，$a = b = 0.24$，$n_1 = 2$、$n_2 = 1$，$h = 15.0$，则有：

$$V = (0.24 \times 0.24 + 0.03 \times 0.24 \times 2 + 0.03 \times 0.24 \times 1) \times 15.0$$
$$= 1.19\text{m}^3$$

（5）依附柱上的牛腿和升板的柱帽，并入柱身体积计算。

1.1.3　任务实施

以广联达BIM土建算量软件为例，完成混凝土工程中柱的工程量计量。

1. 新建工程

双击打开广联达BIM土建算量软件GCL2013 ![icon]，弹出如下对话框：

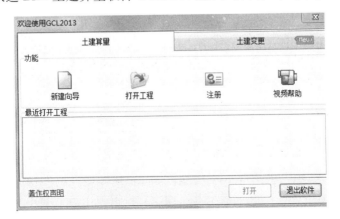

点击 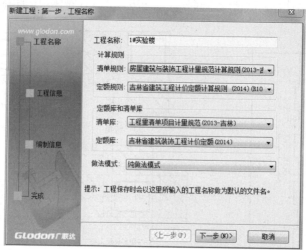，出现如下对话框

根据对话框显示内容，依次键入：

工程名称：1#实验楼

根据工程需要，在下拉菜单中选择相应清单规则和定额规则。如：房屋建筑与装饰工程计算规范计算规则（2013）以及吉林省建筑工程定额计算规则（2014），同时软件会默认弹出相应的清单库及定额库。

工程信息：按图纸内容填写相应工程信息。其中，结构类型、基础形式等可通过下拉菜单选择，其他内容可直接输入。注意黑色字体内容只有标识作用，不影响计算结果，蓝色字体内容会影响计算结果，应根据实际情况认真填写，如室外地坪相对±0.000 标高，填写－0.3m，如下图所示：

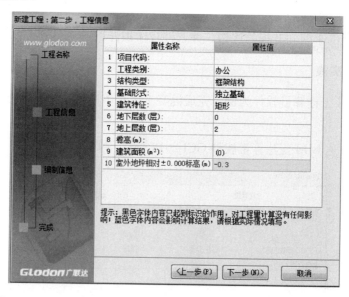

按提示内容依次完成工程信息的填写后，点击"完成"，并保存文件，注意存储路径。

楼层信息设置：根据图纸信息，选择 插入楼层，在层高对应列修改层高值：首层键入"4.20"，第2层键入"3.60"，完成楼层及层高设置，窗口下方会显示对应每个楼层构件的混凝土强度等级等内容，依据图纸信息进行选择修改，如下图所示。

	楼层序号	名称	层高(m)	首层	底标高(m)	相同层数	现浇板厚(	建筑面积(m
1	2	第2层	3.600	☐	4.200	1	120	
2	1	首层	4.200	☑	0.000	1	120	
3	0	基础层	2.000		-2.000	1	120	

标号设置 [当前设置楼层: 首层，0.000 ~ 4.200]

	构件类型	混凝土强度等级	混凝土强度等级	砂浆强度等级	砂浆类别
1	基础	C30	低流动性混凝土碎	M7.5	混合砂浆
2	垫层	C10	低流动性混凝土碎	M7.5	混合砂浆
3	基础梁	C30	低流动性混凝土碎		
4	混凝土墙	C30	低流动性混凝土碎		
5	砌块墙			M7.5	混合砂浆
6	砖墙			M7.5	混合砂浆
7	石墙			M7.5	混合砂浆
8	梁	C30	低流动性混凝土碎		
9	圈梁	C25	低流动性混凝土碎		
10	柱	C30	低流动性混凝土碎	M7.5	混合砂浆
11	构造柱	C25	低流动性混凝土碎		
12	现浇板	C30	低流动性混凝土碎		
13	预制板	C25	低流动性混凝土碎		
14	楼梯	C25	低流动性混凝土碎		

完成后，修改过的混凝土强度等级背景颜色会发生变化。如果是楼层较多的情况，可以选择窗口右下角的 复制到其他楼层 功能按钮，可将混凝土强度等级的内容进行复制，然后对个别不同强度等级进行修改，可提高绘图效率。

对工程设置栏目下的其他项目如外部清单、计算设置和计算规则可忽略，没有特殊情况可按软件默认信息执行，至此，完成软件的工程设置内容。

2. 绘图输入

（1）建立轴网（正交轴网）

轴网的作用是确定建筑物中各构件如梁、板、柱等相对位置，其位置确定准确与否直接影响到工程量计算结果的准确性。

在模块导航栏下双击"轴网"，在构件列表窗口点击"新建"，建立轴网-1，根据图纸内容，分别按下开间、上开间、左进深、右进深的顺序填写轴距，如下图所示。

在窗口上部工作栏内点击 绘图 ，在弹出的对话框内填入"0"，正交轴网的默认角度为0，完成轴网的建立。

注意：轴网建成后，应仔细与图纸的相关信息如纵轴、横轴总长、轴距轴号等数据进行核对，若有问题及时改正，一旦在构件图元完成后发现轴网错误，需要大量时间改正。切记！

（2）柱构件定义

如下图所示，在导航栏的柱目录下，新建构件 KZ-1，在属性编辑器内填入柱的相关信息，如截面宽度 450、截面高度 450，其他信息（如标高等）可根据实际情况进行修改，同样，建立构件 KZ-2，KZ-3。

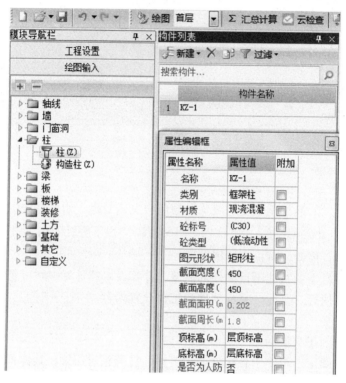

（3）柱构件的绘制

点击 进入柱构件的绘图界面，可采用 点 布置的方式，分别将 KZ-1、KZ-2、KZ-3、KZ-4 布置到轴网的相应位置，如下图所示。

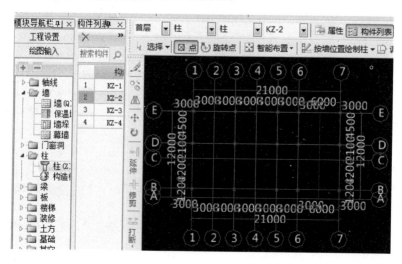

点击 三维 功能按钮，按住鼠标左键，拖动鼠标，可观察柱的三维效果图，如下图所示。

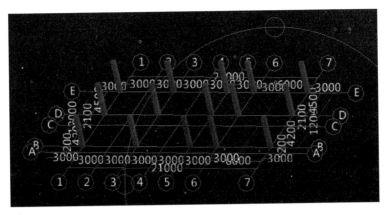

3. 工程量查看

图形绘制完毕后，点击 Σ汇总计算 ，软件进行自动汇总计算，选择要查看的构件，点击 查看工程量 ，可查看需要的构件体积、数量、模板面积、截面周长、超高等相关信息，如下图所示。

楼层	材质	砼标	名称	截面周长	周长（m）	体积（m³）	模板面积	超高模	数量（根）
			KZ-1	2	8	4.2	32.076	5.036	4
				小计	8	4.2	32.076	5.036	4
			KZ-2	1.8	3.6	1.701	13.959	1.845	2
				小计	3.6	1.701	13.959	1.845	2
首层	现浇混凝土	C30	KZ-3	1.6	4.8	2.016	18.29	2.066	3
				小计	4.8	2.016	18.29	2.066	3
			KZ-4	1.8	10.8	5.103	42.0068	5.5567	6
				小计	10.8	5.103	42.0068	5.5567	6
			小计		27.2	13.02	106.3318	14.503	15
		小计			27.2	13.02	106.3318	14.503	15
	小计				27.2	13.02	106.3318	14.503	15
	总计				27.2	13.02	106.3318	14.503	15

1.1.4　任务小结

本次任务介绍了矩形柱、构造柱和异形柱等现浇混凝土柱工程中常见项目的工程量计算方法。要求了解工程量清单各项目名称设置内容及计算规则，重点理解框架柱高的含义，构造柱的构造形式，掌握一般情况下框架柱、构造柱工程量的计算方法；熟练操作软件流程并能够运用软件计算混凝土柱项目的工程量。

1.1.5　知识拓展

1. 预制混凝土柱

预制混凝土柱工程量清单项目设置、项目特征描述的内容、计量单位及工程量计算规则按表 1.1-2 执行：

表 1.1-2 预制混凝土柱

项目编码	项目名称	项目特征	计量单位	工程量计算规则	工作内容
010509001	矩形柱	1. 图代号 2. 单件体积 3. 安装高度 4. 混凝土强度等级 5. 砂浆（细石混凝土）强度等级、配合比	1. m³ 2. 根	1. 以立方米计量，按设计图示尺寸以体积计算 2. 以根计量，按设计图示尺寸以数量计算	1. 模板制作、安装、拆除、堆放、运输及清理模内杂物、刷隔离剂等 2. 混凝土制作、运输、浇筑、振捣、养护 3. 构件运输、安装 4. 砂浆制作、运输 5. 接头灌缝、养护
010509002	异形柱				

2. 定额工程量计算规则

（1）预制混凝土柱构件制作、运输、安装工程量均按图示尺寸实体体积以体积计算，不扣除构件内钢筋、铁件及≤0.3m×0.3m 的孔洞面积。

（2）预制混凝土柱构件安装定额综合考虑了构件接头灌缝的因素。

3.《定额》中混凝土柱的项目是区分不同的柱截面周长的，为后续《工程计价》课程考虑，例 1.1-1 中计算结果可按如下整理：

现浇矩形柱周长 1.8m 以内合计：$V=3.69+4.37+11.06=19.12m^3$

现浇矩形柱周长 1.8m 以外合计：$V=9.10m^3$

1.1.6 思考和练习

1. 柱高的确定有哪些规定？

2. 现浇混凝土柱工程的清单项目名称有哪些？各自的计算规则是什么？

3. 熟练掌握算量软件中柱构件的操作命令，准确运用软件计算混凝土柱的工程量。

4. 运用软件计算《1#实验楼》中二层柱的工程量。

任务 1.2 混凝土梁工程量计算

> **知识目标：**
>
> 1. 了解混凝土梁工程量清单项目名称、项目特征描述等内容；
>
> 2. 理解混凝土梁工程量计算规则；
>
> 3. 掌握混凝土梁工程量计算方法。
>
> **能力目标：**
>
> 1. 能够计算混凝土梁工程量；
>
> 2. 能够运用软件计算混凝土梁工程量。

1.2.1 任务分析

混凝土梁工程中各分项工程工程量的计算是完成混凝土项目造价的基本工作之一，也是造价人员在造价管理工作中应具备的最基本能力。本次任务包括：1. 明确混凝土梁相关项目名称设置依据；2. 领会《规范》、《定额》中的关于基础梁、矩形梁、异形梁、圈梁、过梁和弧形（拱形）梁等项目的相关规定及工程量计算规则；3. 通过算量软件完成混凝土梁工程中各分项工程量计量工作。

1.2.2   相关知识

1. 工程量清单项目设置

依据《规范》中的规定，常见的混凝土梁工程量清单项目包括基础梁、矩形梁、异形梁、圈梁、过梁和弧形（拱形）梁。清单项目设置、项目特征描述内容、计量单位及清单工程量计算规则，如表 1.2-1 所示。

表 1.2-1   现浇混凝土梁

项目编码	项目名称	项目特征	计量单位	工程量计算规则	工作内容
010503001	基础梁	1. 混凝土种类 2. 混凝土强度等级	m³	按设计图示尺寸以体积计算，伸入墙内的梁头、梁垫并入梁体积内	1. 模板及支架（撑）制作、安装、拆除、堆放、运输及清理模内杂物、刷隔离剂等 2. 混凝土制作、运输、浇筑、振捣、养护
010503002	矩形梁				
010503003	异形梁				
010503004	圈梁				
010503005	过梁				
010503006	弧形（拱形）梁				

2. 工程量计算规则的应用

（1）框架梁

1）梁与柱连接时，梁长算至柱侧面；

2）主梁与次梁连接时，次梁梁长算至主梁侧面。示意如图 1.2-1 所示。

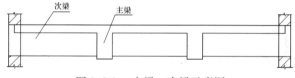

图 1.2-1   主梁、次梁示意图

某建筑局部框架如图 1.2-2 所示，A 轴 KL1 长度算至柱侧面，即：梁长 $L = 4.5 + 4.5 - 0.4 \times 2 = 8.2\text{m}$，$L_1$ 长度算至主梁侧面，即：梁长 $L_1 = 4.5 - 0.15 \times 2 = 4.2\text{m}$。

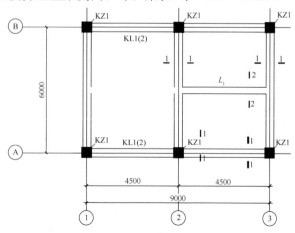

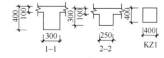

图 1.2-2   主梁、次梁计算示意图

（2）圈梁与过梁连接者，分别套用圈梁、过梁定额，过梁长度按门、窗洞口外围宽度两端共加 0.5m 计算。

例题 1.2-1： 图 1.2-3 为某砖混结构建筑平面图，轴线居中，内、外墙墙厚均为 **240mm**，该层层高位置内外墙均设圈梁，试计算该层圈梁及过梁混凝土工程量。

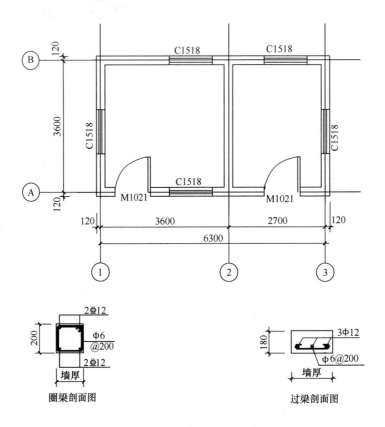

图 1.2-3　例题 1.2-1 图

圈梁：$L_{中}＝(6.3＋3.6)×2＝19.8$

$\qquad L_{内}＝3.6－0.12×2＝3.36$

$\qquad V＝0.24×0.2×(19.8＋3.36)$

$\qquad ＝1.11 \text{m}^3$

门上过梁：$V_1＝0.24×0.18×(1.0＋0.25×2)×2＝0.13 \text{m}^3$

窗上过梁：$V_2＝0.24×0.18×(1.5＋0.25×2)×5＝0.43 \text{m}^3$

合计：$V＝0.13＋0.43＝0.56 \text{m}^3$

1.2.3　任务实施

以广联达 BIM 土建算量软件为例，完成混凝土工程中梁的工程量计算。

1. 梁构件定义

如下图所示，在导航栏的梁目录下，新建构件 KL-1，在属性编辑器内填入 KL-1 的相关信息，如截面宽度 300、截面高度 620，其他信息（如标高等）可根据实际情况进行修改，依次定义其他框架梁构件，非框架梁定义方法同框架梁。

2. 梁构件的绘制

点击 　绘图 进入梁构件的绘图界面，可采用 　直线 布置的方式，分别将定义好的框架梁 KL-1～KL-7，非框架梁 L1～L6 布置到轴网的相应位置，如下图所示：

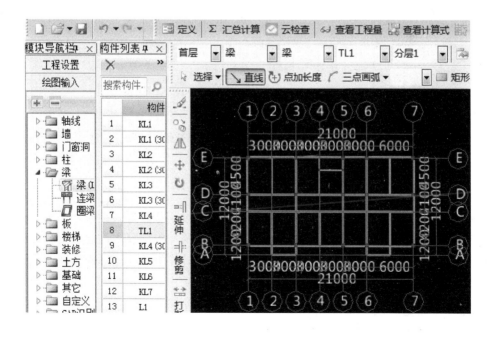

点击 　三维 功能按钮，按住鼠标左键，拖动鼠标，可观察梁的三维效果图，如下图所示：

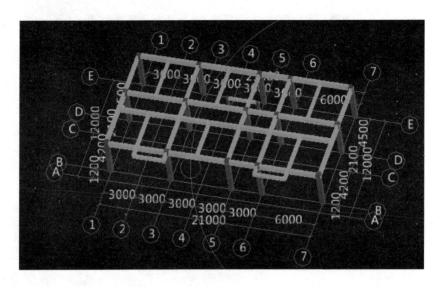

3. 工程量查看

图形绘制完毕后，点击 **Σ 汇总计算** ，软件进行自动汇总计算，选择要查看的构件，点击 **🖊 查看工程量** ，可查看需要的构件体积、模板面积、梁净长、超高等相关信息，如下图所示：

1.2.4　任务小结

本次任务介绍了基础梁、矩形梁、异形梁、圈梁、过梁和弧形（拱形）梁等现浇混凝土梁工程中常见项目的工程量计算方法。要求了解工程量清单各项目名称设置内容，理解计算规则，掌握常见情况主梁、次梁、圈梁、过梁工程量的计算方法；熟练操作软件流程并能够运用软件计算混凝土梁项目工程量。

1.2.5　知识拓展

1. 预制混凝土梁

预制混凝土梁工程量清单项目设置、项目特征描述的内容、计量单位及工程量计算规则按表 1.2-2 执行：

表 1.2-2 预制混凝土梁

项目编码	项目名称	项目特征	计量单位	工程量计算规则	工作内容
010510001	矩形梁	1. 图代号 2. 单件体积 3. 安装高度 4. 混凝土强度等级 5. 砂浆（细石混凝土）强度等级、配合比	1. m³ 2. 根	1. 以立方米计量，按设计图示尺寸以体积计算 2. 以根计量，按设计图示尺寸以数量计算	1. 模板制作、安装、拆除、堆放、运输及清理模内杂物、刷隔离剂等 2. 混凝土制作、运输、浇筑、振捣、养护 3. 构件运输、安装 4. 砂浆制作、运输 5. 接头灌缝、养护
010510002	异形梁				
010509003	过梁				
010509004	拱形梁				
010509005	鱼腹式吊车梁				

2. 定额工程量计算规则

（1）预制混凝土梁构件制作、运输、安装工程量均按图示尺寸实体体积以体积计算，不扣除构件内钢筋、铁件及≤0.3m×0.3m 的孔洞面积。

（2）预制混凝土梁构件安装定额综合考虑了构件接头灌缝的因素。

3. 预制钢筋混凝土过梁图集的应用

以 03G322-1 钢筋混凝土过梁（烧结普通砖）为例，过梁选用表如表 1.2-3 所示：

表 1.2-3 120 墙矩形截面过梁选用及技术经济指标表

墙厚（mm）	过梁编号	页次	净跨（mm）	荷载等级	梁高（mm）	混凝土强度等级	受力钢筋种类	M_U（kN·m）	V_{cs}（kN）	N_{lu}（kN）	混凝土体积（m³）	过梁自重（kg）	钢筋总重（kg）	含钢量（kg/m³）
120	GL-2060	32	600	0	120	C20	HPB235	1.61	7.85	19.96	0.016	39.6	1.06	66
	GL-2080	32	800	0	120	C20	HPB235	1.61	7.85	19.96	0.019	46.8	1.25	66
	GL-2100	32	1000	0	120	C20	HPB235	1.61	7.85	19.96	0.022	54.0	1.43	65
	GL-2120	32	1200	0	120	C20	HPB235	1.61	7.85	19.96	0.024	61.2	1.60	67
	GL-2150	32	1500	0	120	C20	HPB235	1.61	7.85	19.96	0.029	72.0	1.91	66

注：M_u—过梁的正截面受弯承载力设计值；V_{cs}—过梁的斜截面受剪承载力设计值；N_{lu}—过梁支撑处局部承压承载力设计值

1.2.6 思考与练习

1. 梁长度的确定有哪些规定？

2. 现浇混凝土梁工程的清单项目名称有哪些？各自的计算规则是什么？

3. 假设《1#实验楼》一层中间设置一道圈梁，剖面参考例题图，试计算外墙上圈梁混凝土工程量。

4. 熟练掌握算量软件中梁构件的操作命令，准确运用软件计算混凝土梁的工程量。

任务 1.3 混凝土板工程量计算

> **知识目标：**
> 1. 了解混凝土板工程量清单项目名称、项目特征描述等内容；
> 2. 理解混凝土板工程量计算规则；
> 3. 掌握混凝土板工程量计算方法。
>
> **能力目标：**
> 1. 能够计算混凝土板工程量；
> 2. 能够运用软件计算混凝土板工程量。

1.3.1 任务分析

混凝土板工程中各分项工程工程量的计算是完成混凝土项目造价的基本工作之一，也是造价人员在造价管理工作中应具备的最基本能力。本次任务包括：1. 明确混凝土板相关项目名称设置依据；2. 领会《规范》、《定额》中的关于有梁板、无梁板、平板、栏板、雨篷、悬挑板、阳台板和空心板等项目的相关规定及工程量计算规则；3. 通过算量软件完成混凝土板工程中各分项工程量计量工作。

1.3.2 相关知识

1. 工程量清单项目设置

依据《规范》中的规定，常见的混凝土板工程量清单项目包括有梁板、无梁板、平板、栏板、雨篷板（悬挑板、阳台板）和空心板。清单项目设置、项目特征描述内容、计量单位及清单工程量计算规则，如表 1.3-1 所示：

表 1.3-1　现浇混凝土板

项目编码	项目名称	项目特征	计量单位	工程量计算规则	工作内容
010505001	有梁板	1. 混凝土种类 2. 混凝土强度等级	m³	按设计图示尺寸以体积计算 不扣除门窗洞口及单个面积≤0.3m² 的柱、垛及孔洞所占体积，有梁板（包括主、次梁与板）按梁、板体积之和计算。 无梁板按板和柱帽体积之和计算，各类板伸入墙内的板头并入板体积内	1. 模板及支架（撑）制作、安装、拆除、堆放、运输及清理模内杂物、刷隔离剂等 2. 混凝土制作、运输、浇筑、振捣、养护
010505002	无梁板				
010505003	平板				
010505006	栏板				
010505008	雨篷、悬挑板、阳台板			按设计图示尺寸以墙外部分体积计算，包括伸出墙外的牛腿和雨篷反挑檐的体积	
010505009	空心板			按设计图示尺寸以体积计算，空心板（GBF 高强薄壁蜂巢芯板）应扣除空心部分体积	

2. 工程量计算规则的应用

（1）有梁板（包括主、次梁与板）按梁、板体积之和计算。有梁板中梁两侧板厚度不同时按两侧各占 1/2 计算。

例题 **1.3-1**：某建筑内局部结构如图 **1.3-1** 所示：试计算有梁板的混凝土工程量。

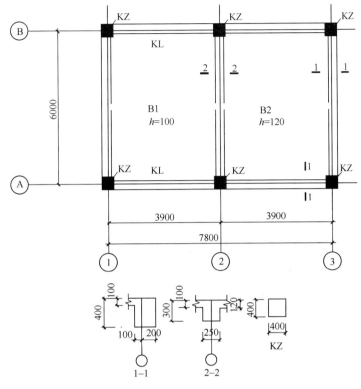

图 1.3-1　例题 1.3-1 图

有梁板（100 厚）混凝土工程量：

B1：$(3.90+0.2)\times(6.0+0.2\times2)\times0.1=2.624m^3$

KL：$0.3\times(0.4-0.1)\times(3.9-0.2\times2)\times2=0.63m^3$

$0.3\times(0.4-0.1)\times(6.0-0.2\times2)=0.504m^3$

$0.25\times(0.3-0.1)\times(6.0-0.2\times2)\times0.5=0.14m^3$

扣柱：$0.4\times0.4\times0.1\times2+0.4\times0.2\times0.1\times2=0.048m^3$

小计：$2.624+0.63+0.504+0.14-0.048=3.85m^3$

有梁板（120 厚）混凝土工程量：

B2：$(3.90+0.2)\times(6.0+0.2\times2)\times0.12=3.149m^3$

KL：$0.3\times(0.4-0.12)\times(3.9-0.2\times2)\times2=0.588m^3$

$0.3\times(0.4-0.12)\times(6.0-0.2\times2)=0.470m^3$

$0.25\times(0.3-0.12)\times(6.0-0.2\times2)\times0.5=0.126m^3$

扣柱：$0.4\times0.4\times0.12\times2+0.4\times0.2\times0.12\times2=0.058m^3$

小计：$3.149+0.588+0.470+0.126-0.058=4.28m^3$

（2）无梁板按板和柱帽体积之和计算，各类板伸入墙内的板头并入板体积内。

（3）平板系指无柱、无梁直接由墙承重的板，按图示尺寸以体积计算。

（4）不同类型板连接时，均以墙的中心线为界。

（5）现浇钢筋混凝土挑檐天沟与板（包括屋面板、楼板）连接时，以外墙皮为分界线，与圈梁（包括其他梁）连接时，以梁外侧面为分界线。

（6）伸入墙内的板头并入板体积内计算。

（7）阳台、雨篷按设计图示尺寸以墙外部分体积计算，伸出墙外的牛腿合并计算，带反挑檐的雨篷其檐总高度超过 0.2m 者，反挑檐执行栏板项目。

（8）有柱、梁的门厅雨篷，按有梁板以体积计算，柱按相应定额以体积计算。

1.3.3 任务实施

以广联达 BIM 土建算量软件为例，完成混凝土工程中板的工程量计算。

1. 板构件定义

如下图所示，在导航栏内板目录下，新建构件 LB-1，在属性编辑器内填入 LB1 的相关信息，如板厚度 100，其他信息（如标高等）可根据实际情况进行修改，依次定义其他板构件。

2. 板构件的绘制

点击 绘图 进入板构件的绘图界面，可采用 点 布置方式，分别将定义好的板 LB1 ~LB10 布置到轴网的相应位置，如下图所示。除点布置方式外，还可根据个人习惯采取 直线 、 矩形 、 智能布置 等布置方式。

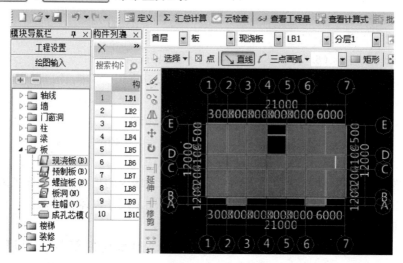

点击 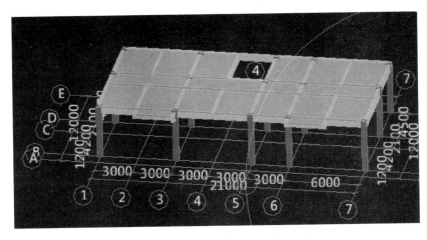 功能按钮，按住鼠标左键，拖动鼠标，可观察板的三维效果图，如下图所示：

3. 工程量查看

图形绘制完毕后，点击 Σ 汇总计算 ，软件进行自动汇总计算，选择要查看的构件，点击 查看工程量 ，可查看需要的构件体积、面积、底模面积、数量、超高等相关信息，如下所示：

楼层	厚度	混凝土强度等级	名称	面积(m²)	体积(m³)	底部模板面积(m²)	侧	数量(块)
首层	100	C30	LB-4[100]	31.0175	7.1895	31.0175	0	3
			LB-5[100]	4.855	1.197	4.855	0	1
			LB-6[100]	3.645	1.7165	3.645	0	2
			小计	39.5175	10.103	39.5175	0	6
		小计		39.5175	10.103	39.5175	0	6
	小计			39.5175	10.103	39.5175	0	6
总计				39.5175	10.103	39.5175	0	6

1.3.4　任务总结

本次任务介绍了有梁板、无梁板、平板、栏板、雨篷板（悬挑板、阳台板）和空心板等现浇混凝土板工程中常见项目的工程量计算方法。要求了解工程量清单各项目名称设置内容，理解计算规则，掌握常见情况下板工程量的计算方法；熟练操作软件流程并能够运用软件计算混凝土板项目工程量。

1.3.5　知识拓展

1. 预制混凝土板

预制混凝土板工程量清单项目设置、项目特征描述的内容、计量单位及工程量计算规则按表 1.3-2 执行：

表 1.3-2　预制混凝土板

项目编码	项目名称	项目特征	计量单位	工程量计算规则	工作内容
010512001	平板	1. 图代号 2. 单件体积 3. 安装高度 4. 混凝土强度等级 5. 砂浆（细石混凝土）强度等级、配合比	1. m³ 2. 根	1. 以立方米计量，按设计图示尺寸以体积计算，不扣除单个面积≤300mm×300mm 的孔洞所占体积，扣除空心板板洞体积 2. 以块计量，按设计图示尺寸以数量计算	1. 模板制作、安装、拆除、堆放、运输及清理模内杂物、刷隔离剂等 2. 混凝土制作、运输、浇筑、振捣、养护 3. 构件运输、安装 4. 砂浆制作、运输 5. 接头灌缝、养护
010512002	空心板				
010512003	槽形板				
010512004	网架板				
010512005	折线板				
010512006	带肋板				
010512007	大型板				

2. 定额工程量计算规则

（1）预制混凝土板构件制作、运输、安装工程量均按图示尺寸实体体积以体积计算，不扣除构件内钢筋、铁件及≤0.3m×0.3m 的孔洞面积。

（2）预制混凝土板构件安装定额综合考虑了构件接头灌缝的因素

1.3.6　思考与练习

1. 现浇混凝土板工程的清单项目名称有哪些？各自的计算规则是什么？

2. 熟练掌握算量软件中板构件的操作命令，准确运用软件计算混凝土板的工程量。

3. 结合任务 1.2 的内容，运用软件计算《1#实验楼》中二层有梁板的工程量。

任务 1.4　混凝土墙工程量计算

知识目标：

1. 了解混凝土墙工程量清单项目名称、项目特征描述等内容；

2. 理解混凝土墙工程量计算规则；

3. 掌握混凝土墙工程量计算方法。

能力目标：

1. 能够计算混凝土墙工程量；

2. 能够运用软件计算混凝土墙工程量。

1.4.1　任务分析

混凝土墙工程中各分项工程工程量的计算是完成混凝土项目造价的基本工作之一，也是造价人员在造价管理工作中应具备的最基本能力。本次任务包括：1. 明确混凝土墙相关项目名称设置依据；2. 领会《规范》、《定额》中的关于直形墙、弧形墙、短肢剪力墙和挡土墙等项目的相关规定及工程量计算规则；3. 通过算量软件完成混凝土墙工程中各分项工程量计量工作。

1.4.2　相关知识

1. 工程量清单项目设置

依据《规范》中的规定，常见的混凝土墙工程量清单项目包括直形墙、弧形墙、短肢剪力墙和挡土墙。清单项目设置、项目特征描述内容、计量单位及清单工程量计算规则，如下表所示：

表 1.4-1　现浇混凝土墙

项目编码	项目名称	项目特征	计量单位	清单工程量计算规则	工作内容
010504001	直形墙	1. 混凝土种类 2. 混凝土强度等级	m³	按设计图示尺寸以体积计算 扣除门窗洞口及单个面积＞0.3m²的孔洞所占体积，墙垛及突出墙面部分并入墙体体积计算	1. 模板及支架（撑）制作、安装、拆除、堆放、运输及清理模内杂物、刷隔离剂等 2. 混凝土制作、运输、浇筑、振捣、养护
010504002	弧形墙				
010504003	短肢剪力墙				
010504004	挡土墙				

注：短肢剪力墙是指截面厚度不大于 300mm、各肢截面高度与厚度之比的最大值大于 4 但不大于 8 的剪力墙；各肢截面高度与厚度之比的最大值不大于 4 的剪力墙按柱项目编码列项。

2．工程量计算规则的应用

（1）钢筋混凝土墙、电梯井壁按图示尺寸以体积计算，应扣除门窗（框外围面积）洞口及＞0.3m²的孔洞所占体积。

（2）墙垛（附墙柱）、暗柱、暗梁及墙突出部分并入墙体积计算。

（3）多肢混凝土墙墙厚≤0.3m，最长肢截面高厚比≤4 执行异形柱。最长肢截面高厚比介于 4~8 执行短肢剪力墙，最长肢截面高厚比＞8 执行普通混凝土墙。

（4）单面支模的混凝土墙执行现浇混凝土挡土墙。

1.4.3　任务实施

以广联达 BIM 土建算量软件为例，完成混凝土工程中墙的工程量计算。

1．混凝土墙构件定义

如下图所示，在导航栏内墙目录下，新建构件 Q-1（注意区分内外墙）在属性编辑器内填入 Q-1 的相关信息，如墙厚度 100，其他信息（如类别、标高等）可根据实际情况进行修改。

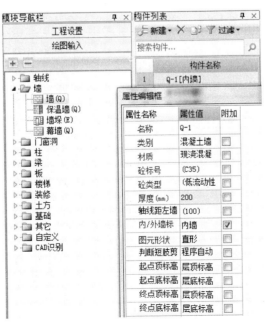

2. 混凝土墙构件的绘制

点击 ❀绘图 进入墙构件的绘图界面，可采用 ↘直线 布置方式，分别将定义好的混凝土墙构件布置到轴网的相应位置。点击 ❀三维 功能按钮，按住鼠标左键，拖动鼠标，可观察墙的三维效果图。此处图形略。

3. 工程量查看

图形绘制完毕后，点击 Σ汇总计算 ，软件进行自动汇总计算，选择要查看的构件，点击 ❀查看工程量 ，可查看需要的构件体积、墙高、墙厚、模板面积等相关信息。

1.4.4 任务总结

本次任务介绍了直形墙、弧形墙、短肢剪力墙和挡土墙等现浇混凝土墙工程中常见项目的工程量计算方法。要求了解工程量清单各项目名称设置内容，理解计算规则，掌握一般情况下混凝土墙工程量的计算方法；熟练操作软件流程并能够运用软件计算混凝土墙项目工程量。

1.4.5 知识拓展

图集《02J331－地沟盖板》的应用举例。

某建筑物地沟选用标准图集《02J331－地沟盖板》，此处图表略，材料详见表 1.4-2、表 1.4-3。采用 R0810－1，地沟盖板采用 B8－1，地沟梁采用 L10－1，则地沟工程量如下：

假设地沟总长 10m，则有：

地沟混凝土工程量：$0.465m^3/m \times 10m = 4.65m^3$

垫层混凝土工程量：$0.1m^3/m \times 10m = 1.0m^3$

地沟钢筋 $\phi10$ 以内：$270N/m \div 9.8kg/N \times 10m = 275.5kg$

地沟盖板混凝土工程量：$0.029m^3/个 \times (10/0.8+1) = 0.406m^3$

地沟盖板钢筋 $\phi10$ 以内：$23N/个 \div 9.8kg/N \times (10/0.8+1) = 32.86kg$

表 1.4-2 钢筋混凝土地沟材料表（部分）

地沟型号	钢筋号	形状	规格	长度	数量	单重(N)	共重(N)	总重(N)	混凝土体积(m^3)	垫层体积(m^3)
R0608-1	1	⌐900¬	Φ8	1000	10	3.95	40	224	0.375	0.085
	2	⌐1000¬	Φ8	1000	28	3.95	111			
	3	⌐850¬	Φ8	950	5	3.75	19			
	4	900⌐850¬900	Φ8	2750	5	10.86	54			
R0810-1	1	⌐1100¬	Φ8	1200	10	4.74	47	270	0.465	0.10
	2	⌐1000¬	Φ8	1000	34	3.95	134			
	3	⌐1050¬	Φ8	1150	5	4.54	23			
	4	1100⌐1050¬1100	Φ8	3350	5	13.2	66			

注：材料表为地沟每米长的钢筋重量及混凝土用量。

表 1.4-3 钢筋混凝土地沟盖板材料表（部分）

板号	钢筋号	形状	规格	长度	数量	单重 (N)	共重 (N)	总重 (N)	板厚/混凝土体积 (m³)	自重 (kN)
B8-1	1	950	Φ8	1050	4	4.15	17	23	60/0.029	0.72
	2	450	Φ6	450	6	0.999	6			
B8-2	1	同上	Φ10	1050	6	4.15	25	31		
	2	同上	Φ6	450	6	0.999	6			
B8-3	1	同上	Φ8	1050	4	4.15	17	23	80/0.038	0.95
	2	同上	Φ6	450	6	0.999	6			

1.4.6 思考与练习

1. 现浇混凝土墙工程的清单项目名称有哪些？各自的计算规则是什么？

2. 熟练掌握算量软件中墙构件的操作命令，准确运用软件计算混凝土墙的工程量。

任务 1.5 混凝土基础工程量计算

> **知识目标：**
>
> 1. 了解混凝土基础工程量清单项目名称、项目特征描述等内容；
>
> 2. 理解混凝土基础工程量计算规则；
>
> 3. 掌握混凝土基础工程量计算方法。
>
> **能力目标：**
>
> 1. 能够计算混凝土基础工程量；
>
> 2. 能够运用软件计算混凝土基础工程量。

1.5.1 任务分析

混凝土基础工程中各分项工程工程量的计算是完成混凝土项目造价的基本工作之一，也是造价人员在造价管理工作中应具备的最基本能力。本次任务包括：1. 明确混凝土基础相关项目名称设置依据；2. 领会《规范》、《定额》中的关于垫层、带形基础、独立基础、满堂基础、桩承台基础和设备基础等项目的相关规定及工程量计算规则；3. 通过算量软件完成混凝土基础工程中各分项工程量计量工作。

1.5.2 相关知识

1. 工程量清单项目设置

依据《规范》中的规定，常见的混凝土基础工程量清单项目包括垫层、带形基础、独立基础、满堂基础、桩承台基础和设备基础。清单项目设置、项目特征描述内容、计量单位及清单工程量计算规则，如下：

表 1.5-1　现浇混凝土基础

项目编码	项目名称	项目特征	计量单位	清单工程量计算规则	工作内容
010501001	垫层	1. 混凝土种类 2. 混凝土强度等级	m^3	按设计图示尺寸以体积计算，不扣除伸入承台基础的桩头所占体积	1. 模板及支撑制作、安装、拆除、堆放、运输及清理模内杂物、刷隔离剂等 2. 混凝土制作、运输、浇筑、振捣、养护
010501002	带形基础				
010501003	独立基础				
010501004	满堂基础				
010501005	桩承台基础				
010501006	设备基础	1. 混凝土种类 2. 混凝土强度等级 3. 灌浆材料及其强度等级			

2. 工程量计算规则的应用

现浇混凝土除另有规定外，均按设计图示尺寸以体积计算，不扣除钢筋、预埋铁件、螺栓，不扣除伸入承台基础的桩头所占的体积，不扣除单个面积≤0.3m² 的柱、垛以及孔洞所占体积。

例题 1.5-1：某建筑物为框架结构，柱下独立基础共计 9 个，基础平面图、剖面图如图 1.5-1 所示，试计算独立基础、垫层的混凝土工程量。

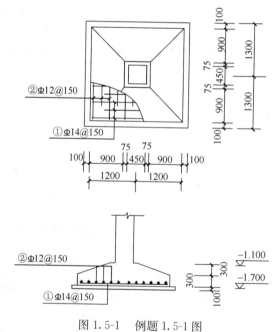

图 1.5-1　例题 1.5-1 图

混凝土垫层混凝土工程量：
$$V = 2.6 \times 2.6 \times 0.1 \times 9 = 6.08 m^3$$

基础混凝土工程量：

分析：基础可视为由下部分的柱体和上部分的棱台组成，即：
$$V_{柱体} = 2.4 \times 2.4 \times 0.3 = 1.73 m^3$$

$$V_{棱台} = \frac{1}{3} \times (s_{上} + s_{下} + \sqrt{S_{上} \, S_{下}}) \times h$$

$$= \frac{1}{3} \times (0.6 \times 0.6 + 2.4 \times 2.4 + \sqrt{0.6 \times 0.6 \times 2.4 \times 2.4}) \times 0.3$$

$$= 0.756 \mathrm{m}^3$$

小计：$V = V_{柱体} + V_{棱台} = (1.73 + 0.756) \times 9 = 22.37 \mathrm{m}^3$

1.5.3 任务实施

以广联达 BIM 土建算量软件为例，完成独立基础的工程量计算。

1. 独立基础构件定义

如下图所示，在导航栏内基础目录下，双击 ⬢ 独立基础(I)，新建独立基础（J1）及新建矩形独基单元（J1-1），与前面介绍的柱、梁、板等构件不同，基础构件在定义时，由两部分组成，即独立基础和矩形独立基础单元。分别在属性编辑器内填入 J1 的标高信息，如下图所示：

属性名称	属性值	附加
名称	J1	
长度(mm)	1300	
宽度(mm)	1300	
高度(mm)	400	
顶标高(m)	-1.6	
底标高(m)	-2	

，及 J1-1 的截面长、宽、高等相关信息，如：

属性名称	属性值	附加
名称	J1-1	
材质	无筋混凝	
混凝土强度等级	(C30)	
混凝土类型	(低流动性	
搅拌方式	现浇混凝	
截面长度(	1300	
截面宽度(	1300	
高度(mm)	400	
截面面积(m	1.69	
相对底标高	0	
砖胎膜厚度	0	

，完成基础构件的定义。

2. 基础构件的绘制

点击 ✍ 绘图，进入基础构件的绘图界面，可采用 ⊠ 点，布置方式，分别将定义好的基础构件布置到轴网的相应位置，如下图所示。除点布置方式外，还可根据个人习惯采取 ⊕ 旋转点 、⊞ 智能布置▾ 等布置方式。

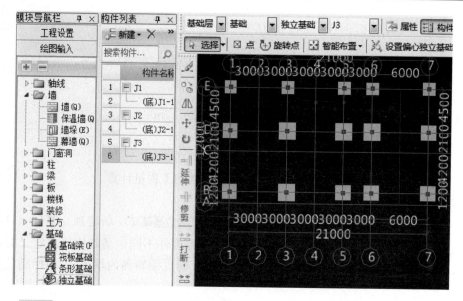

点击 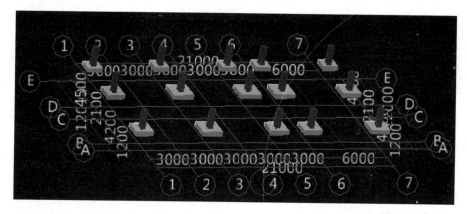 功能按钮，按住鼠标左键，拖动鼠标，可观察独立基础的三维效果图，如下图所示：

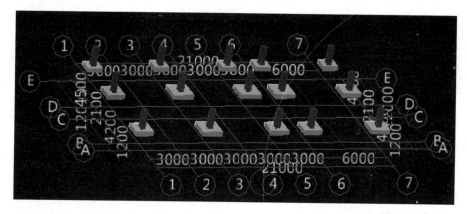

3. 工程量查看

图形绘制完毕后，点击 Σ 汇总计算，软件进行自动汇总计算，选择要查看的构件，点击 查看工程量，可查看需要的构件数量、体积、模板面积、砖胎膜体积、底面面积、侧面面积等相关信息，如下图所示：

	独立基础	数量（个）			
	DJ-1	3			
	DJ-2	8			
	DJ-3	4			
总计	小计	15			
	独基单元	体积（m³）	模板面积（m²）	底面面积（m²）	侧面面积（m²）
	DJ-1-1	2.028	6.24	5.07	6.24
	DJ-2-1	8.192	20.48	20.48	20.48
	DJ-3-1	5.184	11.52	12.96	11.52
	小计	15.404	38.24	38.51	38.24

1.5.4　任务总结

本次任务介绍了（混凝土）垫层、带形基础、独立基础、满堂基础、桩承台基础和设备基础等现浇混凝土基础工程中常见项目的工程量计算方法。要求了解工程量清单各项目名称设置内容，理解计算规则，掌握一般情况下混凝土基础工程量的计算方法；熟练操作软件流程并能够运用软件计算混凝土基础项目工程量。

1.5.5　知识拓展

图 1.5-2 所示为某建筑的条形基础剖面，基础长 10.26m，计算条形基础底板工程量。

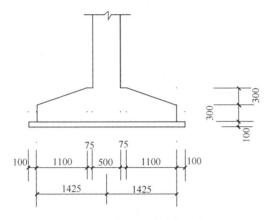

图 1.5-2　条形基础计算示意图

垫层混凝土工程量：$(0.1+1.425\times2+0.1)\times10.26\times0.1=3.13m^3$

基础底板混凝土工程量：

$\{1.425\times2\times0.3+(1.425\times2+0.5+0.075\times2)\times0.3\times0.5\}\times10.26=14.16m^3$

1.5.6　思考与练习

1. 现浇混凝土基础工程的清单项目名称有哪些？各自的计算规则是什么？
2. 计算《1♯实验楼》中混凝土独立基础工程量。
3. 熟练掌握算量软件中基础构件的操作命令，准确运用软件计算混凝土基础的工程量。

任务 1.6　混凝土楼梯工程量计算

知识目标：

1. 了解混凝土楼梯工程量清单项目名称、项目特征描述等内容；
2. 理解混凝土楼梯工程量计算规则；
3. 掌握混凝土楼梯工程量计算方法。

能力目标：

1. 能够计算混凝土楼梯工程量；
2. 能够运用软件计算混凝土楼梯工程量。

1.6.1 任务分析

混凝土楼梯的工程量计算方法与其他混凝土构件不同，这部分工作完成的准确度是造价人员在造价管理工作中基本算量能力强弱的具体体现。本次任务包括：1. 明确混凝土楼梯项目的设置依据；2. 领会《规范》、《定额》中的关于楼梯项目的相关规定及工程量计算规则；3. 通过算量软件完成混凝土楼梯构件工程量计量工作。

1.6.2 相关知识

1. 工程量清单项目设置

依据《规范》中的规定，常见的混凝土楼梯工程量清单项目包括直形楼梯、弧形楼梯。清单项目设置、项目特征描述内容、计量单位及清单工程量计算规则，如下：

表 1.6-1　现浇混凝土楼梯

项目编码	项目名称	项目特征	计量单位	清单工程量计算规则	工作内容
010506001	直形楼梯	1. 混凝土种类 2. 混凝土强度等级	1. m² 2. m³	1. 以平方米计量，按设计图示尺寸以水平投影面积计算，不扣除宽度≤500mm的楼梯井，伸入墙内部分不计算 2. 以立方米计量，按设计图示尺寸以体积计算	1. 模板及支架（撑）制作、安装、拆除、堆放、运输及清理模内杂物、刷隔离剂等 2. 混凝土制作、运输、浇筑、振捣、养护
010506002	弧形楼梯				

2. 工程量计算规则的应用

整体楼梯（直形楼梯、弧形楼梯）包括休息平台、平台梁、斜梁及楼梯板的连接梁，按楼梯水平投影面积计算（当整体楼梯与现浇楼板无梯梁连接时，以楼梯的最后一个踏步边缘加上 0.3m 为界计算，独立楼梯间按楼梯间净面积计算），不扣除宽度＜0.5m 的楼梯井，伸入墙内部分不另增加。

例题 1.6-1：某高层建筑内独立楼梯间如图 1.6-1 所示，计算本层楼梯工程量。

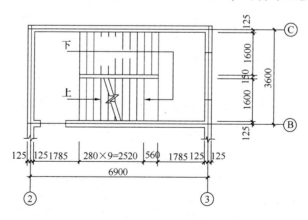

图 1.6-1　例题 1.6-1 图

楼梯工程量＝楼梯水平投影面积

$$= (6.9 - 0.125 \times 2) \times (3.6 - 0.125 \times 2)$$

$$= 22.278 \text{m}^2$$

1.6.3　任务实施

以广联达 BIM 土建算量软件为例，完成楼梯的工程量计算。

1. 楼梯构件定义

如下图所示，在导航栏内 📁 楼梯目录下，双击 🔲 楼梯(R)，新建参数化楼梯，软件中提供了各种楼梯参数化图形，可依据图纸中楼梯的具体形式选择如下：

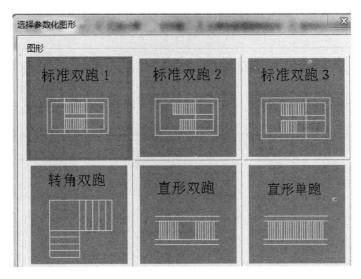

进入编辑图形参数界面，填写具体参数数值如下：TL 宽度和高度、楼梯井宽度、踏步级数、平台长度、楼梯宽度、楼板宽度、踏步宽度、踏步高度、平台板厚度及楼梯板厚度等信息。

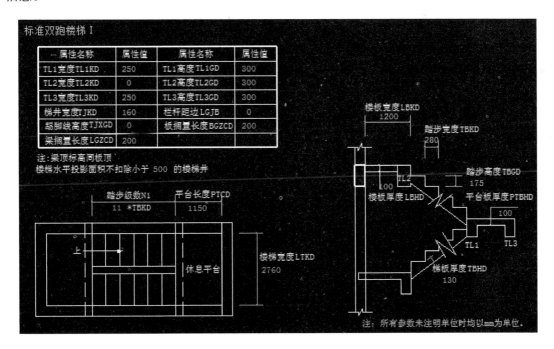

填写完信息后，点击 保存退出(E)，完成楼梯构件定义。

2. 楼梯构件的绘制

点击 ✏ 绘图 进入楼梯构件的绘图界面，可采用 ⊠ 点 布置方式，分别将定义好的楼梯构件布置到轴网的相应位置，如下图所示。除点布置方式外，还可根据个人习惯采取 ⟳ 旋转点 布置方式。

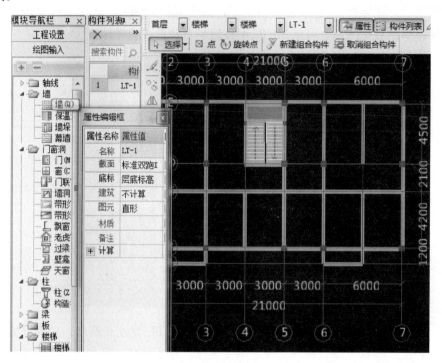

点击 ❀ 三维 功能按钮，按住鼠标左键，拖动鼠标，可观察楼梯的三维效果图，如下图所示：

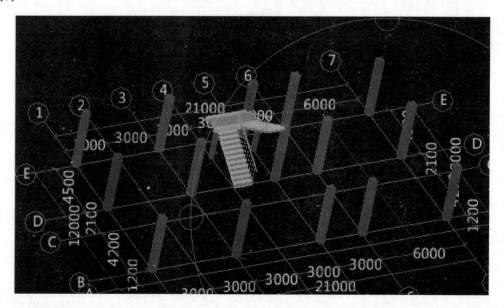

3. 工程量查看

图形绘制完毕后，点击 Σ 汇总计算，软件进行自动汇总计算，选择要查看的构件，点击查看工程量，可查看需要的楼梯构件水平投影、混凝土体积、底部抹灰面积、梯段侧面面积、踢脚线长度、栏杆扶手长度、防滑条长度等相关信息，如下图所示：

	分类条件		工程量名称								
	楼	名称		1	2	3	4	5	6	7	8
1	首层	LT-1	楼梯	水平投	混凝土体积	底部抹	梯段侧面	踢脚线长	栏杆扶手	防滑条长	踢脚线长度
2			LT-1	12.2204	2.5177	14.0526	2.225	20.58	8.2445	31.2	12.3242
3			小计	12.2204	2.5177	14.0526	2.225	20.58	8.2445	31.2	12.3242
4		小计	楼梯	水平投	混凝土体积	底部抹	梯段侧面	踢脚线长	栏杆扶手	防滑条长	踢脚线长度
5			LT-1	12.2204	2.5177	14.0526	2.225	20.58	8.2445	31.2	12.3242
6			小计	12.2204	2.5177	14.0526	2.225	20.58	8.2445	31.2	12.3242
7	总计		楼梯	水平投	混凝土体积	底部抹	梯段侧面	踢脚线长	栏杆扶手	防滑条长	踢脚线长度
8			LT-1	12.2204	2.5177	14.0526	2.225	20.58	8.2445	31.2	12.3242
9			小计	12.2204	2.5177	14.0526	2.225	20.58	8.2445	31.2	12.3242

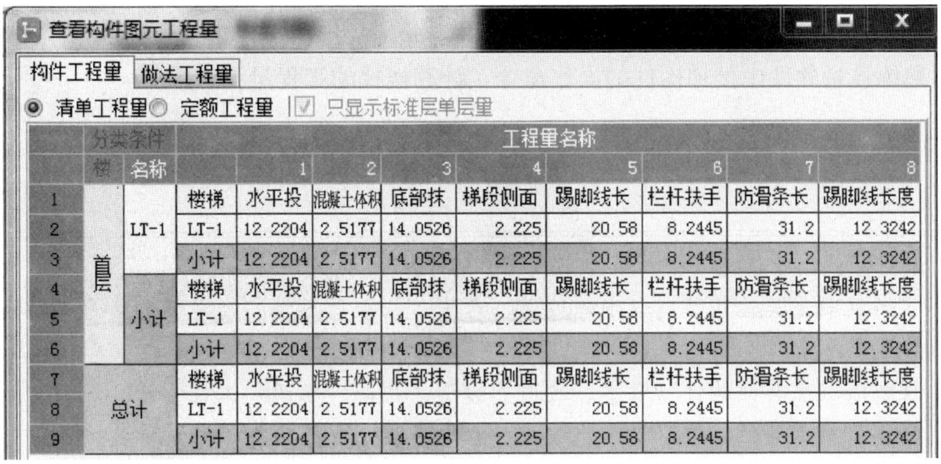

1.6.4　任务总结

本次任务介绍了现浇混凝土楼梯工程量计算方法。要求了解工程量清单项目名称设置内容，理解计算规则，掌握楼梯工程量计算方法；了解操作软件流程，运用软件计算现浇混凝土楼梯工程量。

1.6.5　知识拓展

1. 常见的与楼梯有关的工程量清单项目设置、项目特征描述的内容、计量单位及工程量计算规则按表1.6-2执行：

表1.6-2　扶手、栏杆

项目编码	项目名称	项目特征	计量单位	工程量计算规则	工作内容
011503001	金属扶手、栏杆、栏板	1. 扶手材料种类、规格 2. 栏杆材料种类、规格 3. 栏板材料、种类规格 4. 固定配件种类 5. 防护材料种类	m	按设计图示尺寸以扶手中心线长度（包括弯头长度）计算	1. 制作 2. 运输 3. 安装 4. 刷防护材料
011503002	硬木扶手、栏杆、栏板				
011503003	塑料扶手、栏杆、栏板				
011503008	玻璃栏板	1. 栏板玻璃的种类、规格、颜色 2. 固定方式 3. 固定配件种类	m	按设计图示尺寸以扶手中心线长度（包括弯头长度）计算	1. 制作 2. 运输 3. 安装 4. 刷防护材料

2. 踏步防滑条等定额项目参考装饰工程中楼梯面层的相关内容。

3. 楼梯间踢脚参见装饰工程中踢脚线相关项目的内容设置。

1.6.6 思考与练习

1. 现浇混凝土楼梯工程的清单项目名称有哪些？各自的计算规则是什么？
2. 理解楼梯的工程量计算规则，计算《1#实验楼》楼梯工程量。
3. 熟练算量软件中楼梯构件的操作命令，计算楼梯的工程量。

任务 1.7 混凝土其他构件工程量计算

知识目标：

1. 了解混凝土其他构件（散水、坡道、台阶、扶手、压顶）工程量清单项目名称、项目特征描述等内容；

2. 理解混凝土其他构件（散水、坡道、台阶、扶手、压顶）工程量计算规则；

3. 掌握混凝土其他构件（散水、坡道、台阶、扶手、压顶）工程量计算方法。

能力目标：

1. 能够计算混凝土其他构件（散水、坡道、台阶、扶手、压顶）工程量；

2. 能够运用软件计算混凝土其他构件（散水、坡道、台阶、扶手、压顶）工程量。

1.7.1 任务分析

混凝土其他构件（散水、坡道、台阶、扶手、压顶）在混凝土工程中所占比例较小，但各构件工程量的计算也不能被忽视，这部分工作完成的准确度是造价人员在造价管理工作中基本算量能力强弱的具体体现。本次任务包括：1. 明确混凝土散水、坡道、台阶、扶手、压顶等项目的设置依据；2. 领会《规范》、《定额》中的关于散水、坡道、台阶和扶手、压顶等项目的相关规定及工程量计算规则；3. 通过算量软件完成混凝土其他构件工程量计量工作。

1.7.2 相关知识

1. 工程量清单项目设置

依据《规范》中的规定，常见的混凝土其他构件工程量清单项目包括散水、坡道、台阶和扶手、压顶。清单项目设置、项目特征描述内容、计量单位及清单工程量计算规则，如表1.7-1 所示：

表 1.7-1 现浇混凝土其他构件

项目编码	项目名称	项目特征	计量单位	清单工程量计算规则	工作内容
010507001	散水、坡道	1. 垫层材料种类、厚度 2. 面层厚度 3. 混凝土种类 4. 混凝土强度等级 5. 变形缝填塞材料种类	m²	按设计图示尺寸以水平投影面积计算，不扣除单个≤0.3m² 的孔洞所占面积	1. 地基夯实 2. 铺设垫层 3. 模板及支架（撑）制作、安装、拆除、堆放、运输及清理模内杂物、刷隔离剂等 4. 混凝土制作、运输、浇筑、振捣、养护 5. 变形缝填塞

续表

项目编码	项目名称	项目特征	计量单位	清单工程量计算规则	工作内容
010507004	台阶	1. 踏步高、宽 2. 混凝土种类 3. 混凝土强度等级	1. m² 2. m³	1. 以平方米计量，按设计图示尺寸以水平投影面积计算 2. 以立方米计量，按设计图示尺寸以体积计算	1. 模板及支架（撑）制作、安装、拆除、堆放、运输及清理模内杂物、刷隔离剂等 2. 混凝土制作、运输、浇筑、振捣、养护
010507005	扶手、压顶	1. 断面尺寸 2. 混凝土种类 3. 混凝土强度等级	1. m 2. m³	1. 以米计量，按设计图示中心线延长米计算 2. 以立方米计量，按设计图示尺寸以体积计算	

2. 工程量计算规则的应用

例题 1.7-1 某建筑首层平面图如图 1.7-1 所示，试计算散水、防滑坡道、台阶工程量。

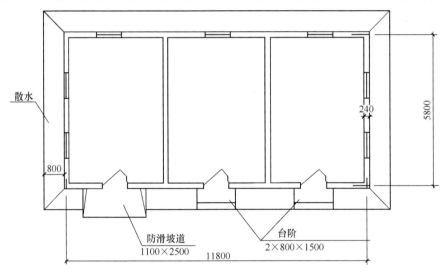

图 1.7-1 例题 1.7-1 图

做法如表 1.7-2 所示：

表 1.7-2 工程做法

项目名称	工程做法
散水	60 厚 C20 混凝土面层，撒 1∶1 水泥砂子压实赶光，分隔缝间距 2000mm，油膏嵌缝； 150 厚碎石灌 M2.5 混合砂浆，宽出面层 100mm； 300 厚炉渣垫层向外坡 5%； 素土夯实
台阶	30 厚防滑花岗岩； 20 厚 1∶3 干硬性水泥砂浆结合层； 素水泥浆一道，内掺建筑胶； 60 厚 C15 混凝土； 300 厚碎石灌 M2.5 混合砂浆，宽出面层 100mm； 素土夯实

项目名称	工程做法
坡道	20 厚 1：2 水泥砂浆扫毛； 素水泥浆一道，内掺建筑胶； 100 厚 C15 混凝土； 300 厚碎石灌 M2.5 混合砂浆，宽出面层 300mm； 500 厚炉渣防冻层； 素土夯实

散水项目：

清单工程量：$((11.8+5.8)\times2+0.12\times8+0.4\times8-2.5-1.5\times2)\times0.8=27.09m^2$

定额工程量：

散水混凝土：$27.09\times0.06=1.63m^3$

碎石灌浆：$((11.8+5.8)\times2+0.12\times8+0.45\times8-2.5-1.5\times2)\times0.9\times0.15=4.63m^3$

炉渣垫层：$((11.8+5.8)\times2+0.12\times8+0.45\times8-2.5-1.5\times2)\times0.9\times0.3=9.25m^3$

油膏嵌缝：$(11.8+5.8)\times2+0.12\times8=36.16m$

$((11.8+5.8)\times2+0.12\times8+0.4\times8-2.5-1.5\times2)/2.0\times0.8=13.54m$

$0.8\times1.414\times4=4.52m$

小计：$36.16+13.54+4.52=54.22m$

台阶项目：

清单工程量：$0.6\times1.5\times2=1.8m^2$

定额工程量：

花岗岩面层：$0.6\times1.5\times2=1.8m^2$

台阶混凝土：$0.6\times1.5\times0.06\times2=0.11m^3$

碎石灌浆：$0.7\times1.5\times0.3\times2=0.63m^3$

坡道项目：

清单工程量：$1.1\times2.5=2.75m^2$

定额工程量：

水泥砂浆面层：$1.1\times2.5=2.75m^2$

坡道混凝土：$1.1\times2.5\times0.1=0.28m^3$

碎石灌浆：$(1.1+0.3)\times2.5\times0.3=1.05m^3$

炉渣垫层：$(1.1+0.3)\times2.5\times0.5=1.75m^3$

1.7.3 任务实施

以广联达 BIM 土建算量软件为例，完成散水、台阶等构件工程量计算。

1. 散水的布置

在模块导航栏的其他项目下，双击 散水(S)，建立散水构件 SS-1，在属性编辑器中设置散水的相关参数，如散水厚度为 100，在绘图界面，采用 直线、 矩形、 智能布置 等布置方式布置散水，如图下图所示：

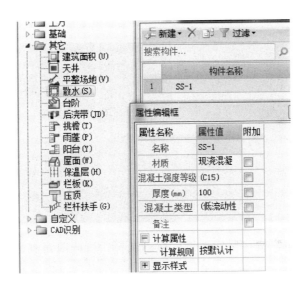

2. 台阶的布置

在模块导航栏的其他项目下，双击 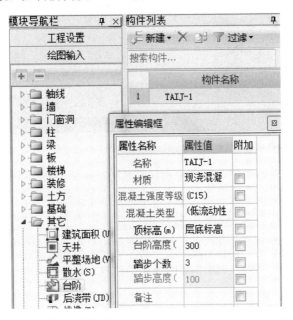 台阶，建立台阶构件 TAIJ-1，在属性编辑器中设置台阶的相关参数，如台阶高度 300，踏步个数 2，如下图所示：

在绘图界面，采用 ↘直线、□矩形 等布置方式布置台阶，点击 ⚒设置台阶踏步边 出现如下对话框，输入踏步宽度，

点击确定，俯视图如下所示：

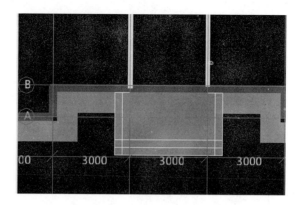

点击 三维 功能按钮，按住鼠标左键，拖动鼠标，可同时观察、散水台阶的三维效果图，如下所示：

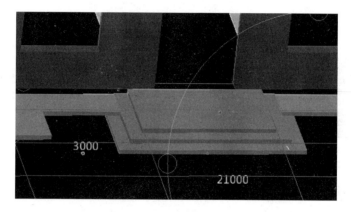

3. 坡道的布置

软件中暂时没有坡道的构件，可参考台阶布置方法，不影响工程量计算。

4. 工程量查看

图形绘制完毕后，点击 Σ汇总计算，软件进行自动汇总计算，选择要查看的构件，点击 查看工程量，可查看需要的散水构件（SS-1）水平投影、贴墙长度、外围长度等，台阶构件（TAIJ-1）水平投影面积、体积、踏步面积等相关信息，如下所示：

构件工程量	做法工程量			

构件工程量 做法工程量
◉ 清单工程量 ◯ 定额工程量 ☑ 显示房间、组合构件量 ☑ 只显示标准层单层量

	分类条件		工程量名称			
	楼层	材质	名称	面积(m²)	贴墙长度(m)	外围长度(m)	模板面积(m²)
1	首层	现浇混凝土	SS-1	52	61.8	68.2	13.156
2			小计	52	61.8	68.2	13.156
3			小计	52	61.8	68.2	13.156
4			总计	52	61.8	68.2	13.156

构件工程量 做法工程量
◉ 清单工程量 ◯ 定额工程量 ☑ 显示房间、组合构件量 ☑ 只显示标准层单层量

	分类条件		工程量名称				
	楼层	名称	台阶整体水平	体积(m³)	平台水平投影	踏步整体面积	踏步块料面	踏步水平投影
1	首层	TAIJ-1	10.08	3.8205	3.6	6.48	8.1	6.48
2		TAIJ-2	6.93	3.1185	6.93	0	4.86	0
3		小计	17.01	6.939	10.53	6.48	12.96	6.48
4	总计		17.01	6.939	10.53	6.48	12.96	6.48

1.7.4　任务总结

本次任务介绍了散水、坡道、台阶等工程中常见零星项目的工程量计算方法。要求了解工程量清单各项目名称设置内容，理解计算规则，掌握清单工程量及定额工程量的计算方法；熟练操作软件流程并能够运用软件计算工程量。

1.7.5　知识拓展

1.《规范》中关于工程计量有效位数的规定：

(1) 以"t"为单位，应保留小数点后三位数字，第四位小数四舍五入；

(2) 以"m"、"m²"、"m³"、"kg"为单位，应保留小数点后两位数字，第三位小数四舍五入；

(3) 以"个"、"件"、"根"、"组"、"系统"为单位，应取整数。

2. 关于清单工程和定额工程量

目前，工程造价有两种计价方式，即清单计价和定额计价。清单工程量和定额工程量也就是两种计价方式下的工程量表现形式。二者计算依据不同：清单工程量的计算依据是《房屋建筑与装饰工程工程量计算规范》中的计算规则，是全国统一的；而定额工程量的计算依据是各个地区造价行政主管部门制定的，定额中的工程量计算规则，各个地区不同，定额的计算规则也有所区别。

1.7.6　思考与练习

1. 散水、台阶项目的清单项目名称有哪些？工程量计算规则是什么？

2. 熟练软件中散水、台阶构件的操作命令，计算散水和台阶的工程量。

项目 2　钢筋工程工程量计算

项目描述：小王是某施工单位现场技术员，负责某高层项目的成本管理，刚刚接到的工作任务是：运用算量软件计算所有项目的钢筋用量，并准备进行工程结算。

任务 2.1　柱钢筋工程量计算

知识目标：

1. 了解钢筋工程量清单项目名称、项目特征描述及钢筋工程量计算规则等内容；

2. 理解框架柱钢筋构造要求；

3. 掌握框架柱钢筋工程量计算方法。

能力目标：

能够运用软件计算框架柱钢筋工程量。

2.1.1　任务分析

框架柱作为主体结构的主要承重构件，在整个钢筋工程量中所占比重较大，是钢筋计量或钢筋下料工作中主要工作之一，其计算结果的准确程度是衡量造价人员工作能力的主要考核指标。本次任务包括：1.明确钢筋相关项目名称设置依据；2.领会《规范》、《定额》中的关于钢筋工程量的相关规定及工程量计算规则；3.理解框架柱的钢筋构造；4.通过钢筋算量软件完成框架柱等钢筋的工程量计量工作。

2.1.2　相关知识

1. 工程量清单项目设置

依据《规范》中的规定，常见的钢筋工程工程量清单项目包括钢筋工程和螺栓、铁件。清单项目设置、项目特征描述内容、计量单位及清单工程量计算规则，如表 2.1-1～表 2.1-2 所示。

（1）钢筋工程

表 2.1-1　钢筋工程

项目编码	项目名称	项目特征	计量单位	清单工程量计算规则	工作内容
010515001	现浇构件钢筋	钢筋种类、规格	t	按设计图示钢筋（网）长度（面积）乘以单位理论质量计算	1. 钢筋制作、运输 2. 钢筋安装 3. 焊接（绑扎）
010515002	预制构件钢筋				

续表

项目编码	项目名称	项目特征	计量单位	清单工程量计算规则	工作内容
010515003	钢筋网片	钢筋种类、规格	t	按设计图示钢筋（网）长度（面积）乘以单位理论质量计算	1. 钢筋网制作、运输 2. 钢筋网安装 3. 焊接（绑扎）
010515004	钢筋笼				1. 钢筋笼制作、运输 2. 钢筋笼安装 3. 焊接（绑扎）
010515009	支撑钢筋（铁马）			按设计图示钢筋长度乘以单位理论质量计算	钢筋制作、焊接、安装

（2）螺栓和铁件

表 2.1-2　螺栓和铁件

项目编码	项目名称	项目特征	计量单位	工程量计算规则	工作内容
010516001	螺栓	1. 螺栓种类 2. 规格	t	按设计图示尺寸以质量计算	1. 螺栓、铁件制作、运输 2. 螺栓、铁件安装
010516002	预埋铁件	1. 钢材种类 2. 规格 3. 铁件尺寸			
010516003	机械连接	1. 连接方式 2. 螺纹套筒种类 3. 规格	个	按数量计算	1. 钢筋套丝 2. 套筒连接

2. 钢筋工程相关规定

（1）混凝土结构的环境类别（表 2.1-3）

表 2.1-3　混凝土结构的环境类别

环境类别	条　件
一	室内干燥环境 无侵蚀性静水浸没环境
二 a	室内潮湿环境 非严寒和非寒冷地区的露天环境 非严寒和非寒冷地区与无侵蚀性的水或与土壤直接接触的环境 严寒和寒冷地区的冰冻线以下与无侵蚀性的水或与土壤直接接触的环境
二 b	干湿交替环境 水位频繁变动环境 严寒和寒冷地区的露天环境 严寒和寒冷地区冰冻线以上与无侵蚀性的水或土壤直接接触的环境
三 a	严寒和寒冷地区冬季水位变动区环境 受除冰盐影响环境 海风环境

续表

环境类别	条　件
三 b	盐渍土环境 受除冰盐作用环境 海岸环境
四	海水环境
五	受人为或自然的侵蚀性物质影响的环境

注：1. 室内潮湿环境是指构件表面经常处于结露或湿润状态的环境；

2. 严寒和寒冷地区的划分应符合现行国家标准《民用建筑热工设计规范》GB 50176 的有关规定；

3. 海岸环境和海风环境宜根据当地情况，考虑主导风向及结构所处迎风、背风部位等因素的影响，由调查研究和工程经验确定；

4. 受除冰盐影响环境是指受到除冰盐盐雾影响的环境；受除冰盐作用环境是指被除冰盐溶液溅射的环境以及使用除冰盐地区的洗车房、停车楼等建筑；

5. 暴露的环境是指混凝土结构表面所处的环境。

（2）混凝土保护层的最小厚度（表 2.1-4）

表 2.1-4　混凝土保护层的最小厚度

环境类别	板、墙（面式构件）	梁、柱（线式构件）
一	15	20
二 a	20	25
二 b	25	35
三 a	30	40
三 b	40	45

注：1. 表中混凝土保护层厚度指最外层钢筋外边缘至混凝土表面的距离，适用于设计使用年限为 50 年的混凝土结构；

2. 构件中受力钢筋的保护层厚度不应小于钢筋的公称直径；

3. 设计使用年限为 100 年的混凝土结构，一类环境中，最外层钢筋的保护层厚度不应小于表中数值的 1.4 倍，二、三类环境中，应采取专门的有效措施；

4. 混凝土强度等级不大于 C25 时，表中保护层厚度数值应增加 5；

5. 基础底面钢筋的保护层厚度，有混凝土垫层时应从垫层顶面算起，且不应小于 40。

（3）钢筋的锚固长度

1）受拉钢筋基本锚固长度 l_{ab}（表 2.1-5）

表 2.1-5　受拉钢筋基本锚固长度 l_{ab}

钢筋种类	混凝土强度等级							
	C20	C25	C30	C35	C40	C45	C50	C55	≥C60
HPB300	$39d$	$34d$	$30d$	$28d$	$25d$	$24d$	$23d$	$22d$	$21d$
HRB335	$38d$	$33d$	$29d$	$27d$	$25d$	$23d$	$22d$	$21d$	$21d$
HRB400、HRBF400、RRB400	—	$40d$	$35d$	$32d$	$29d$	$28d$	$27d$	$26d$	$25d$
HRB500、HRBF500	—	$48d$	$43d$	$39d$	$36d$	$34d$	$32d$	$31d$	$30d$

注：d 为钢筋直径，下同

2）抗震设计时受拉钢筋基本锚固长度 l_{abE}（表 2.1-6）

表 2.1-6　抗震设计时受拉钢筋基本锚固长度 l_{abE}

钢筋种类		混凝土强度等级								
		C20	C25	C30	C35	C40	C45	C50	C55	≥C60
HPB300	一、二级	39d	34d	30d	28d	25d	24d	23d	22d	21d
	三级	41d	36d	32d	29d	26d	25d	24d	23d	22d
HRB335	一、二级	38d	33d	29d	27d	25d	23d	22d	21d	21d
	三级	40d	35d	31d	28d	26d	24d	23d	22d	22d
HRB400、HRBF400	一、二级	—	40d	35d	32d	29d	28d	27d	26d	25d
	三级	—	42d	37d	34d	30d	29d	28d	27d	26d
HRB500、HRBF500	一、二级	—	48d	43d	39d	36d	34d	32d	31d	30d
	三级	—	50d	45d	41d	38d	36d	34d	33d	32d

3）受拉钢筋锚固长度 l_a（表 2.1-7）

表 2.1-7　受拉钢筋锚固长度 l_a

钢筋种类	混凝土强度等级															
	C20	C25		C30		C35		C40		C45		C50		C55		≥C60	
	d≤25	d≤25	d>25	d≤25	d>25	d≤25	d>25	d≤25	d>25	d≤25	d>25	d≤25	d>25	d≤25	d>25	d≤25	d>25
HPB300	39d	34d	—	30d	—	28d	—	25d	—	24d	—	23d	—	22d	—	21d	—
HRB335	38d	33d	—	29d	—	27d	—	25d	—	23d	—	22d	—	21d	—	21d	—
HRB400、HRBF400、RRB400	—	40d	44d	35d	39d	32d	35d	29d	32d	28d	31d	27d	30d	26d	29d	25d	28d
HRB500、HRBF500	—	48d	53d	43d	47d	39d	43d	36d	40d	34d	37d	32d	35d	31d	34d	30d	33d

4）受拉钢筋抗震锚固长度 l_{aE}（表 2.1-8）

表 2.1-8　受拉钢筋抗震锚固长度 l_{aE}

钢筋种类及抗震等级		混凝土强度等级															
		C20	C25		C30		C35		C40		C45		C50		C55		≥C60	
		d≤25	d≤25	d>25	d≤25	d>25	d≤25	d>25	d≤25	d>25	d≤25	d>25	d≤25	d>25	d≤25	d>25	d≤25	d>25
HPB300	一、二级	45d	39d	—	35d	—	32d	—	29d	—	28d	—	26d	—	25d	—	24d	—
	三级	41d	36d	—	32d	—	29d	—	26d	—	25d	—	24d	—	23d	—	22d	—
HRB335	一、二级	44d	38d	—	33d	—	31d	—	29d	—	26d	—	25d	—	24d	—	24d	—
	三级	40d	35d	—	30d	—	28d	—	26d	—	24d	—	23d	—	22d	—	22d	—
HRB400、HRBF400、RRB400	一、二级	—	46d	51d	40d	45d	37d	40d	33d	37d	32d	36d	31d	35d	30d	33d	29d	32d
	三级	—	42d	46d	37d	41d	34d	37d	30d	34d	29d	33d	28d	32d	27d	30d	26d	29d
HRB500、HRBF500	一、二级	—	55d	61d	49d	54d	45d	49d	41d	46d	39d	43d	37d	40d	36d	39d	35d	38d
	三级	—	50d	56d	45d	49d	41d	45d	38d	42d	36d	39d	34d	37d	33d	36d	32d	35d

（4）纵向受拉钢筋的搭接长度 l_l（表 2.1-9）

表 2.1-9　纵向受拉钢筋搭接长度 l_l

钢筋种类及同一区段内搭接钢筋面积百分率		混凝土强度等级																	
		C20	C25		C30		C35		C40		C45		C50		C55		≥C60	
		$d\leqslant25$	$d\leqslant25$	$d>25$	$d\leqslant25$	$d>25$	$d\leqslant25$	$d>25$	$d\leqslant25$	$d>25$	$d\leqslant25$	$d>25$	$d\leqslant25$	$d>25$	$d\leqslant25$	$d>25$	$d\leqslant25$	$d>25$
HPB300	≤25%	47d	41d	—	36d	—	34d	—	30d	—	29d	—	28d	—	26d	—	25d	—
	50%	55d	48d	—	42d	—	39d	—	35d	—	34d	—	32d	—	31d	—	29d	—
	100%	62d	54d	—	48d	—	45d	—	40d	—	38d	—	37d	—	35d	—	34d	—
HRB335	≤25%	46d	40d	—	35d	—	32d	—	30d	—	28d	—	26d	—	25d	—	25d	—
	50%	53d	46d	—	41d	—	38d	—	35d	—	32d	—	31d	—	29d	—	29d	—
	100%	61d	53d	—	46d	—	43d	—	40d	—	37d	—	35d	—	34d	—	34d	—
HRB400、HRBF400、RRB400	≤25%	—	48d	53d	42d	47d	38d	42d	35d	38d	34d	37d	32d	36d	31d	35d	30d	34d
	50%	—	56d	62d	49d	55d	45d	49d	41d	45d	39d	43d	38d	42d	36d	41d	35d	39d
	100%	—	64d	70d	56d	62d	51d	56d	46d	51d	45d	50d	43d	48d	42d	46d	40d	45d
HRB500、HRBF500	≤25%	—	58d	64d	52d	56d	47d	52d	43d	48d	41d	44d	38d	42d	37d	41d	36d	40d
	50%	—	67d	74d	60d	66d	55d	60d	50d	56d	48d	52d	45d	49d	43d	48d	42d	46d
	100%	—	77d	85d	69d	75d	62d	69d	58d	64d	54d	59d	51d	56d	50d	54d	48d	53d

（5）纵向受拉钢筋抗震搭接长度 l_{lE}（表 2.1-10）

表 2.1-10　纵向受拉钢筋抗震搭接长度 l_{lE}

钢筋种类及同一区段内搭接钢筋面积百分率			混凝土强度等级																	
			C20	C25		C30		C35		C40		C45		C50		C55		≥C60	
			$d\leqslant25$	$d\leqslant25$	$d>25$	$d\leqslant25$	$d>25$	$d\leqslant25$	$d>25$	$d\leqslant25$	$d>25$	$d\leqslant25$	$d>25$	$d\leqslant25$	$d>25$	$d\leqslant25$	$d>25$	$d\leqslant25$	$d>25$
一、二级抗震等级	HPB300	≤25%	55d	47d	—	42d	—	38d	—	35d	—	34d	—	31d	—	30d	—	29d	—
		50%	63d	55d	—	49d	—	45d	—	41d	—	39d	—	36d	—	35d	—	34d	—
	HRB335	≤25%	53d	46d	—	40d	—	37d	—	35d	—	31d	—	30d	—	29d	—	29d	—
		50%	62d	53d	—	46d	—	43d	—	41d	—	36d	—	35d	—	34d	—	34d	—
	HRB400、HRBF400、RRB400	≤25%	—	55d	61d	48d	54d	44d	48d	40d	44d	38d	43	37d	42d	36d	40d	35d	38d
		50%	—	64d	71d	56d	63d	52d	56d	46d	52d	45d	50d	43d	49	42d	46d	41d	45d
	HRB500、HRBF500	≤25%	—	66d	73d	59d	65d	54d	59d	49d	55d	47d	52d	44d	48d	43d	47d	42d	46d
		50%	—	77d	85d	69d	76d	63d	69d	57d	64d	55d	60d	52d	56d	50d	55d	49d	53d
三级抗震等级	HPB300	≤25%	49d	43d	—	38d	—	35d	—	31d	—	30d	—	29d	—	28d	—	26d	—
		50%	57d	50d	—	45d	—	41d	—	36d	—	35d	—	34d	—	32d	—	31d	—
	HRB335	≤25%	48d	42d	—	36d	—	34d	—	31d	—	29d	—	28d	—	26d	—	26d	—
		50%	56d	49d	—	42d	—	39d	—	36d	—	34d	—	32d	—	31d	—	31d	—
	HRB400、HRBF400、RRB400	≤25%	—	50d	55d	44d	49d	41d	44d	36d	41d	35d	40d	34d	38d	32d	36d	31d	35d
		50%	—	59d	64d	52d	57d	48d	52d	42d	48d	41d	46d	39d	45d	38d	42d	36d	41d
	HRB500、HRBF500	≤25%	—	60d	67d	54d	59d	49d	54d	46d	50d	43d	47d	41d	44d	40d	43d	38d	42d
		50%	—	70d	78d	63d	69d	57d	63d	53d	59d	50d	55d	48d	52d	46d	50d	45d	49d

3. 工程量计算规则的应用

依据《吉林省建筑工程定额》2014，常用钢筋工程工程量计算依据如下：

（1）钢筋工程量按设计图示钢筋（网）中心线长度和因定尺长度引起的搭接长度，乘以钢筋单位理论质量计算。箍筋或分布钢筋等按间距计算的钢筋数量按间距数量向上取整加 1 计算。

钢筋质量计算公式（kg/m）：$0.00617d^2$，常用钢筋理论质量表如表 2.1-11 所示：

表 2.1-11 常用钢筋单位长度理论质量

钢筋直径（mm）	6	6.5	8	10	12	14	16
每米质量（kg/m）	0.222	0.261	0.395	0.617	0.888	1.209	1.580
钢筋直径（mm）	18	20	22	25	28	30	32
每米质量（kg/m）	1.999	2.468	2.986	3.856	4.837	5.553	6.318

（2）除发、承包双方另有约定外，钢筋定尺长度按 9m 计算。

（3）铁件按设计图示尺寸以质量计算，小型铁件是指单件质量≤50kg 的铁件。

（4）钢筋电渣压力焊、锥螺纹、冷挤压接头以"个"计算。

（5）植筋工程量区别不同规格按质量计算。

2.1.3 框架柱构件的钢筋构造

1. 纵筋

（1）基础插筋（图 2.1-1）（参见 16G101-3，P66）

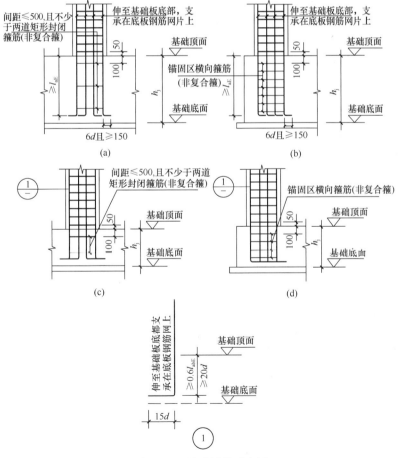

图 2.1-1 基础插筋示意图

（a）保护层厚度>5d，基础高度满足直锚；（b）保护层厚度≤5d，基础高度满足直锚；
（c）保护层厚度>5d，基础高度不满足直锚；（d）保护层厚度≤5d，基础高度不满足直锚

基础插筋长度 L＝基础高度－保护层厚度＋底部弯折＋基础钢筋伸入上层长度

1）当基础高度满足直锚，纵筋全部插入基础底板弯折 $max(6d，150)$；

2）当基础高度不满足直锚，纵筋全部插入基础底板钢筋网之上弯折 $15d$；

3）基础钢筋伸入上层长度，取基础顶部非连接区高度 $H_n/3$。

（2）中间层钢筋

中间层钢筋长度 L＝本层层高－下层钢筋伸入本层长度＋本层钢筋伸入上层长度

1）下层钢筋伸入本层长度，取基础顶部非连接区高度 $H_n/3$。

2）本层钢筋伸入上层长度，取 $max(H_n/6，H_c，500)$。

注：H_n 为所在楼层柱净高；H_c 为柱截面长边尺寸。max 为取最大值。下同。

（3）顶层钢筋

顶层钢筋区分边柱、中柱、角柱的构造，以矩形柱为例：边柱，一个边为外侧边、三个边为内侧边；角柱，两个边为外侧边、两个边为内侧边；中柱，所有边均为内侧边，见图 2.1-2：

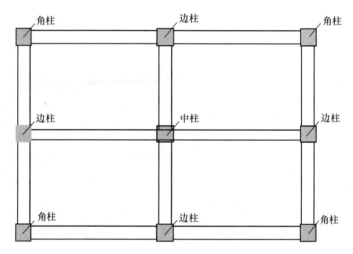

图 2.1-2　边柱、角柱、中柱示意图

1）边柱和角柱

边柱和角柱的钢筋构造形式见图 2.1-3。

节点①中，柱外侧钢筋与梁上部钢筋贯通，实际工程中很少用。节点②、③工程中常见，常见梁端顶部搭接②＋④节点、③＋④节点，俗称"柱包梁"，柱的外侧钢筋弯到柱顶与梁的上部钢筋搭接；柱顶外侧搭接，节点⑤，俗称"梁包柱"，即梁的上部钢筋弯到柱外侧与柱纵筋搭接。

进行钢筋计算时，要根据实际施工图来确定，并区分外侧钢筋和内侧钢筋进行计算：

若 $1.5L_{abE}$≥梁高＋柱宽，即从梁底算起 $1.5L_{abE}$ 超过柱内侧边缘，采用②节点；

若 $1.5L_{abE}$＜梁高＋柱宽，即从梁底算起 $1.5L_{abE}$ 未超过柱内侧边缘，采用③节点；

若板厚≤100mm 时，采用④节点。

a. 外侧钢筋

顶层外侧钢筋长度 L＝本层层高－下层钢筋伸入本层长度－梁高＋锚固长度

b. 内侧钢筋

根据边柱角柱柱顶的钢筋构造，顶层内侧的纵筋同中柱柱顶纵向钢筋构造。

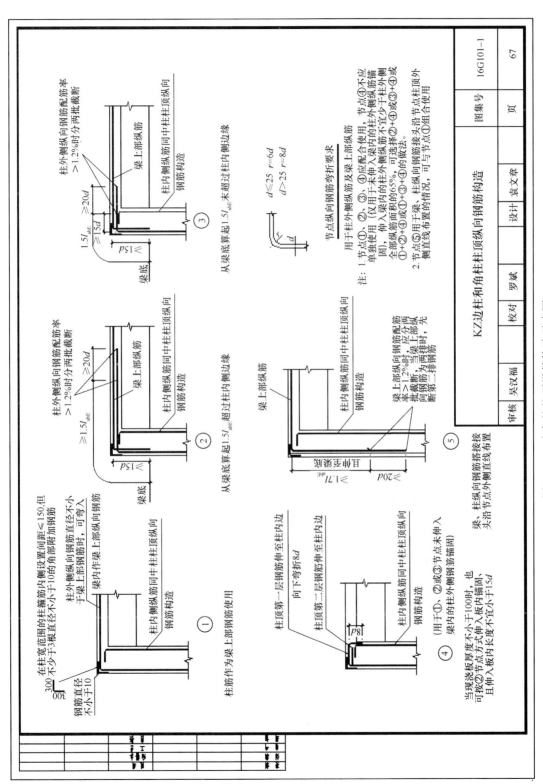

图 2.1-3 边角柱柱顶纵筋构造示意图

顶层内侧钢筋长度 L＝本层层高－下层钢筋伸入本层长度－保护层＋12d

2）中柱

中柱构造有四种做法见图 2.1-4：

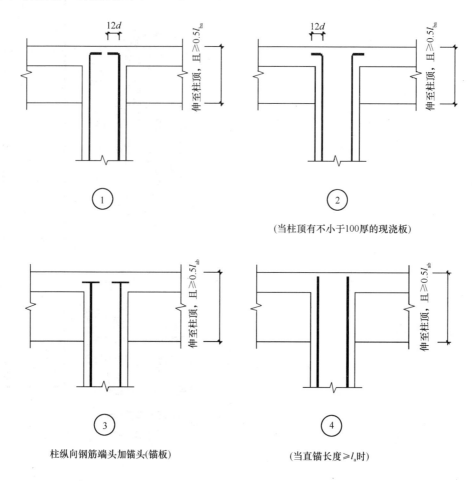

图 2.1-4　中柱柱顶钢筋构造示意图

根据图 2.1-4 内容，则：

a. 直锚长度＜L_{aE}时，伸至柱顶弯折 12d，见图 2.1-4 中①、②

顶层中柱钢筋长度 L＝本层层高－下层钢筋伸入本层长度－保护层＋12d

b. 直锚长度＜L_{aE}时，伸至柱顶加锚头（锚板）见图 2.1-4 中③

c. 直锚长度≥L_{aE}时，伸至柱顶，见图 2.1-4 中④。

2. 箍筋（本教程中箍筋按外皮长度计算）

箍筋质量＝单根箍筋长度×钢筋理论质量×根数

（1）单根箍筋长度

外箍筋长度＝ $2\times[(b-2\times c)+(h-2\times c)]+2\times[\max(10d,75)+1.9d]$

（2）箍筋根数

计算箍筋根数，首先要了解 KZ 的箍筋加密区范围的构造要求，如图 2.1-5 所示：

1）基础层根数 ＝［（基础高度－基底保护层）／间距］－1(不少于 2 道)

2）首层根数

a. 底部加密区高度 $H_n/3$，起步距离 50，根数 = [（加密区高度－50）/间距]＋1

b. 中间非加密区，根数 = $(H_n - H_n/3 - \max(H_c, H_n/6,500))/$ 间距 － 1

c. 顶部加密区，根数 = [（梁高 ＋ $\max(H_c, H_n/6, 500)$）/ 间距]＋1

3）中间层、顶层根数

a. 底部加密区高度 $\max(H_c, H_n/6, 500)$，起步距离 50，

根数 = ${[\max(H_c, H_n/6, 500) - 50]/$ 间距$}＋1$

b. 中间非加密区，根数 = ${[H_n - 2 \times \max(H_c, H_n/6, 500)]/$ 间距$}－1$

c. 顶部加密区，根数 = ${[$梁高 ＋ $\max(H_c, H_n/6, 500)]/$ 间距$}＋1$

2.1.4　任务实施

以广联达 BIM 钢筋算量软件为例，完成钢筋工程中柱钢筋的工程量计量。

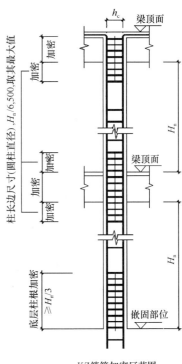

图 2.1-5　框架柱箍筋加密区示意图

1. 新建工程

双击打开广联达 BIM 钢筋算量软件 GCL2013 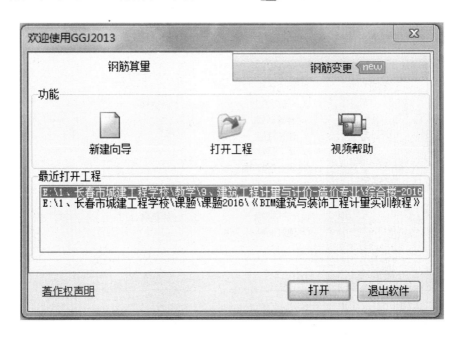，弹出如下对话框：

点击 ▢，出现如下对话框
　新建向导

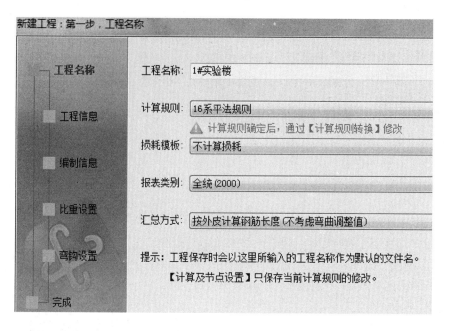

根据对话框显示内容，依次键入：

工程名称：1♯实验楼。

计算规则：根据图纸设计要求，选用对应的平法规则，如 16 系平法规则。

工程信息：按图纸内容填写相应工程信息，黑色字体对应的属性内容是可选、可自行填入，如：工程类别、基础形式等，不影响计算结果；蓝色字体对应的属性是必选项，该属性内容直接影响到计算结果，如结构类型、设防烈度、檐高、抗震等级。如下所示。

1	工程类别	
2	项目代号	
3	*结构类型	框架结构
4	基础形式	
5	建筑特征	
6	地下层数 (层)	
7	地上层数 (层)	
8	*设防烈度	6
9	*檐高 (m)	7.8
10	*抗震等级	三级抗震
11	建筑面积 (平方米)	

按提示内容依次完成工程信息的填写后，点击"完成"，并保存文件，注意存储路径。

楼层信息设置：根据图纸信息，选择 插入楼层 ，在层高对应列修改层高值：首层键入"4.20"，第 2 层键入"3.60"，完成楼层及层高设置，窗口下会显示对应每个楼层构件的混凝土强度等级等内容依据图纸信息进行选择修改，如下图所示：

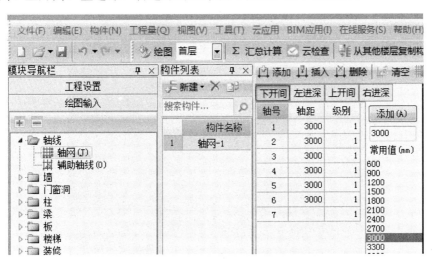

	编码	楼层名称	层高(m)	首层	底标高(m)	相同层数	板厚(mm)
1	2	第2层	3.6	☐	4.2	1	120
2	1	首层	4.2	☑	0	1	120
3	0	基础层	2	☐	-2	1	500

楼层默认钢筋设置(基础层, -2.00m~0.00m)

	抗震等级	混凝土强度等级	HPB235 (A) HPB300 (A)	锚固				
				HRB335 (B) HRB335E (BE) HRBF335 (BF) HRBF335E (BFE)	HRB400 (C) HRB400E (CE) HRBF400 (CF) HRBF400E (CFE) RRB400 (D)	HRB500 (E) HRB500E (EE) HRBF500 (EF) HRBF500E (EFE)	冷轧带肋	冷
基础	(一级抗震)	C30	(35)	(33/37)	(40/45)	(49/54)	(41)	(35)
基础梁/承台梁	(一级抗震)	C30	(35)	(33/37)	(40/45)	(49/54)	(41)	(35)
框架梁	(一级抗震)	C30	(35)	(33/37)	(40/45)	(49/54)	(41)	(35)
非框架梁	(非抗震)	C30	(30)	(29/32)	(35/39)	(43/47)	(35)	(35)
柱	(一级抗震)	C35	(32)	(31/35)	(37/40)	(45/49)	(41)	(35)
现浇板	(非抗震)	C30	(30)	(29/32)	(35/39)	(43/47)	(35)	(35)
剪力墙	(一级抗震)	C35	(32)	(31/35)	(37/40)	(45/49)	(41)	(35)
人防门框墙	(一级抗震)	C30	(35)	(33/37)	(40/45)	(49/54)	(41)	(35)
墙梁	(一级抗震)	C35	(32)	(31/35)	(37/40)	(45/49)	(41)	(35)
墙柱	(一级抗震)	C35	(32)	(31/35)	(37/40)	(45/49)	(41)	(35)
圈梁	(一级抗震)	C25	(39)	(38/41)	(46/51)	(55/61)	(46)	(40)
构造柱	(一级抗震)	C25	(39)	(38/41)	(46/51)	(55/61)	(46)	(40)
其他	(非抗震)	C15	(39)	(38/42)	(40/44)	(48/53)	(45)	(45)

完成后,修改过的混凝土强度等级背景颜色会发生变化。如果是楼层较多的情况,可以选择窗口右下角的 复制到其他楼层 功能按钮,可将混凝土强度等级的内容进行复制,只对个别不同强度等级进行修改,可提高绘图效率。

2. 绘图输入

(1) 建立轴网(正交轴网)

轴网的作用是确定建筑物中各构件如梁、板、柱等的相对位置,其位置确定准确与否直接影响到工程量计算结果的准确性。

在模块导航栏下双击轴网,在构件列表窗口点击新建,建立轴网-1,根据图纸内容,分别按下开间、上开间、左进深、右进深的顺序填写轴距,如下图所示:

在窗口上部工作栏内点击 ▭矩形,在弹出的对话框内填入"0",正交轴网的默认角度为 0，完成轴网的建立。

注意：轴网建成后，应仔细与图纸的相关信息如纵轴、横轴总长、轴距、轴号等数据进行核对，若有问题及时改正，一旦在构件图元完成后再发现轴网数据错误，需要大量时间改正。切记！

（2）柱构件定义

如下图所示，在导航栏柱目录下，双击 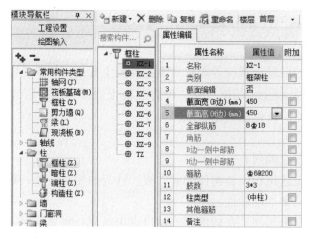 新建构件 KZ-1，在属性编辑器内填入柱的相关信息，如截面宽 450、截面高 450，全部纵筋 8C18（或角筋 4C18、B 边一侧中部筋 1C18、H 边一侧中部筋 1C18）、箍筋 C6@200、肢数 3×3 等，其他信息（如标高等）在其他属性内可根据实际情况进行修改。属性编辑器内的蓝色字体为公共属性，即：构件信息的改变只需在属性编辑器内修改，相应图元的信息即可随之改变；黑色字体为私有属性，即必须在选定图元的情况下修改属性信息，图元信息才能改变。同样，建立构件 KZ-2～KZ-4。

注意：在软件中 HPB300 级钢筋（Φ）、HRB335 级钢筋（Φ）和 HRB400 级钢筋（Φ）分别用字母 A、B、C 代替输入，软件自动识别为相应钢筋符号。

（3）柱构件的绘制

点击 绘图 进入柱构件的绘图界面，可采用 点 布置的方式，分别将 KZ-1、KZ-2、KZ-3、KZ-4 布置到轴网的相应位置，如下图所示：

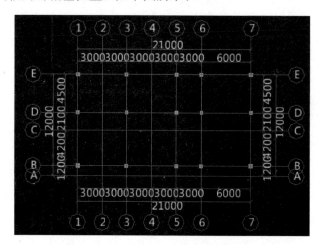

点击 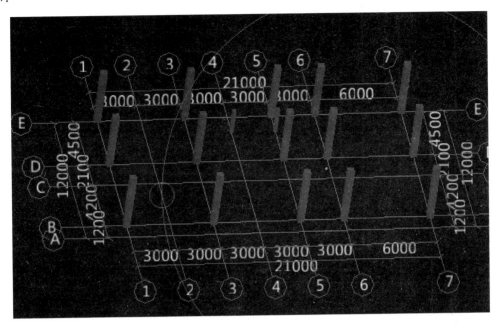 动态观察 功能按钮，按住鼠标左键，拖动鼠标，可观察柱的三维效果图，如下图所示：

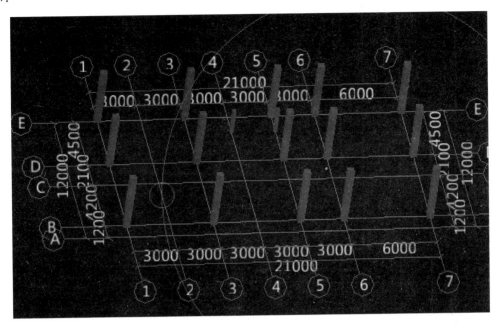

3. 工程量查看

图形绘制完毕后，点击 Σ 汇总计算，软件进行自动汇总计算，选择要查看的构件，点击 查看工程量，可查看选定构件的钢筋量，如下所示：

	构件名称	钢筋总重量（kg）	HRB400		
			6	18	合计
1	KZ-1[1038]	72.917	16.805	56.112	72.917
2	KZ-2[1041]	72.917	16.805	56.112	72.917
3	KZ-3[1045]	72.373	16.805	55.568	72.373
4	KZ-4[1050]	72.533	16.805	55.728	72.533

2.1.5 任务小结

本次任务介绍了框架柱钢筋工程量计算方法。要求了解钢筋工程量清单项目名称设置内容及计算规则，重点理解框架柱钢筋构造要求，了解一般情况下框架柱钢筋工程量的计算方法；熟练操作软件流程并能够运用软件计算框架柱钢筋工程量。

2.1.6 知识拓展

钢筋的连接方式

类 型	机 理	优 点	缺 点
绑扎搭接	利用钢筋与混凝土之间的粘结锚固实现传力	应用广泛，连接形式简单	对于直径比较粗的钢筋，绑扎搭接长度较长，施工不方便，且连接区域容易发生过宽的裂缝

类 型	机 理	优 点	缺 点
机械连接	利用钢筋与连接件的机械咬合作用或钢筋端面的承压作用实现钢筋连接	比较简单、可靠	机械连接接头连接件的混凝土保护层厚度及连接件间的横向净距离将减小
焊接连接	利用热熔金属实现钢筋连接	节省钢筋、接头，成本低	焊接接头往往需人工操作，因而连接质量的稳定性较差

2.1.7　思考和练习

1. 钢筋工程的清单项目名称有哪些？各自的计算规则是什么？
2. 熟练掌握钢筋算量软件中柱构件的操作命令，准确运用软件计算柱钢筋的工程量。
3. 运用软件计算《1♯实验楼》中二层柱钢筋的工程量。

任务 2.2　梁钢筋工程量计算

知识目标：

1. 了解钢筋工程量清单项目名称、项目特征描述及钢筋工程量计算规则等内容；
2. 理解框架梁钢筋构造要求；
3. 掌握软件计算框架梁钢筋工程量的方法。

能力目标：

能够运用软件计算框架梁钢筋工程量。

2.2.1　任务分析

框架梁是框架结构的主要承重构件，在整个钢筋工程量中所占比重较大，是钢筋计量或钢筋下料工作中的主要工作之一，其计算结果的准确程度是衡量造价人员工作能力的主要考核指标。本次任务包括：1. 明确钢筋相关项目名称设置依据；2. 领会《规范》、《定额》中的关于钢筋工程量的相关规定及工程量计算规则；3. 理解框架梁的钢筋构造；4. 通过钢筋算量软件完成框架梁钢筋的工程量计量工作。

2.2.2　相关知识

参见任务 2.1（柱钢筋工程量计算）的相关内容，此处从略。

2.2.3　框架梁的钢筋构造（以楼层框架梁为例）

1. 上部筋（通长筋、架立筋）
（1）端支座构造，有弯锚、直锚、锚板三种情况，如图 2.2-1 所示：
1）弯锚锚固长度：$H_c - C + 15d$，见图 a。
2）加锚头锚板 见图 b。
3）直锚锚固长度 Max $(l_{aE}, 0.5h_c + 5d)$ 见图 c。
（2）中间支座构造（图 2-2-2）

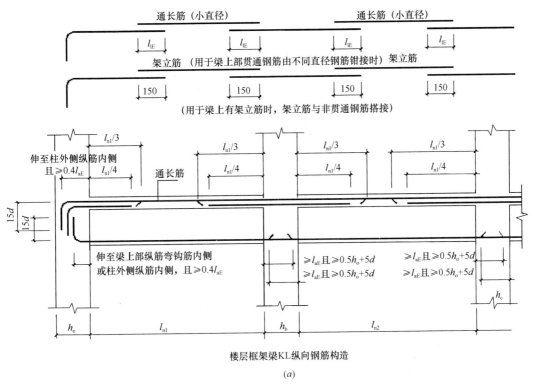

楼层框架梁KL纵向钢筋构造

(a)

注：1.跨度值l_n为左跨l_{ni}和右跨$l_{ni}+1$之较大值，其中$i=1,2,3\cdots\cdots$
　　2.h_c为柱截面沿框架方向的高度。

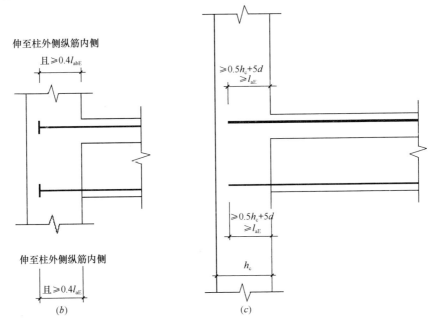

注：1. 跨度值 l_n 为左跨 l_{ni} 和右跨 $l_{ni}+1$ 之较大值，其中 $i=1，2，3\cdots\cdots$
　　2. h_c 为柱截面沿框架方向的高度。

图 2.2-1　框架梁端支座构造示意图

（a）弯锚；（b）锚板；（c）直锚

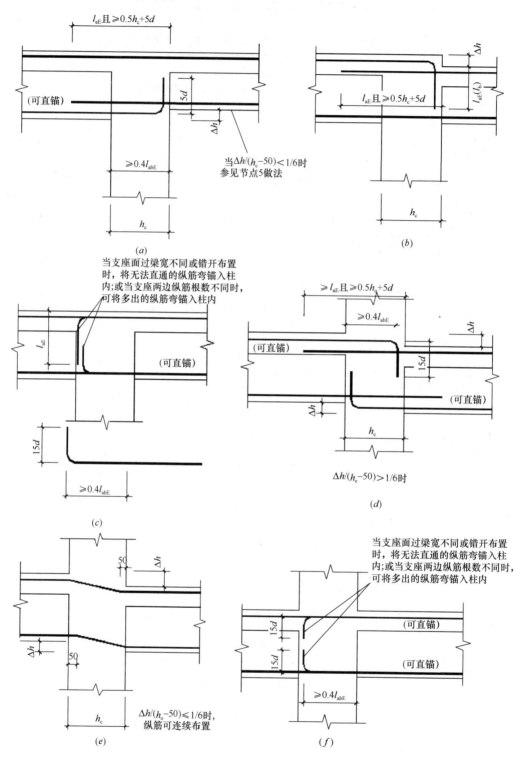

图 2.2-2　框架梁中间支座构造示意图

2. 下部通长筋

下部通长筋的端支座、中间支座的构造同上部钢筋，悬挑端构造见图 2.2-3：

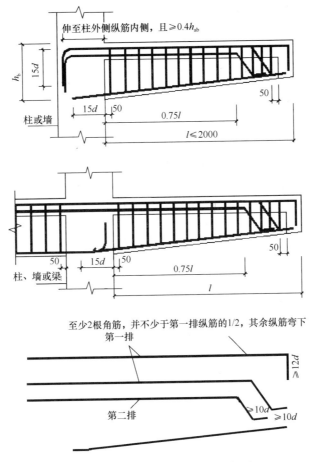

图 2.2-3　框架梁悬挑端构造示意图

3. 侧面筋

梁侧面纵向构造筋和拉筋构造见图 2.2-4：

注：1. 当 $h_w \geqslant 450$ 时，在梁的两个侧面应沿高度配置纵向构造钢筋；纵向构造钢筋间距 $a \leqslant 200$mm；

2. 当梁侧面配有直径不小于构造纵筋的受扭钢筋时，受扭钢筋可以代替构造钢筋。

3. 梁侧面构造纵筋的搭接与锚固长度可取 $15d$。梁侧面受扭纵筋的搭接长度为 l_{lE} 或 l_l，其锚固长度为 la_E 或 l_a，锚固方式同框架梁下部纵筋；

4. 当梁宽 $\leqslant 350$mm 时，拉筋直径为 6mm；梁宽 > 350mm 时，拉筋直径为 8mm，拉筋间距为非加密区箍筋间距的 2 倍。当设有多排拉筋时，上下两排拉筋竖向错开设置。

图 2.2-4　框架梁侧面纵向构造筋和拉筋构造示意图

4. 支座负筋构造

端支座、中间支座同上部贯通筋的构造，支座负筋延伸长度规定：第一排（上排）非通长筋及跨中直径不同的通长筋从柱（梁）边起伸出至 $l_n/3$ 位置；第二排（下排）非通长筋伸出至 $l_n/4$ 位置，l_n 的取值：端支座为本跨的净跨值，对于中间支座 l_n 为支座两边较大一跨的净跨值，见图 2.2-1（a）。

5. 箍筋

（1）框架梁箍筋构造要求如图 2.2-5 所示：

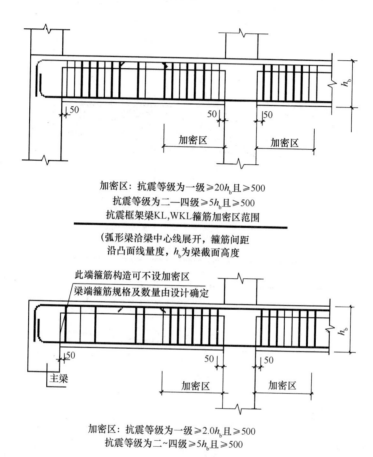

加密区：抗震等级为一级 ≥20h_b且≥500
抗震等级为二—四级 ≥5h_b且≥500
抗震框架梁KL,WKL箍筋加密区范围

（弧形梁沿梁中心线展开，箍筋间距
沿凸面线量度，h_b为梁截面高度）

此端箍筋构造可不设加密区
梁端箍筋规格及数量由设计确定

加密区：抗震等级为一级 ≥2.0h_b且≥500
抗震等级为二~四级 ≥5h_b且≥500

图 2.2-5　框架梁箍筋构造示意图

（2）附加箍筋范围和附加吊筋构造如图 2.2-6 所示：

2.2.4　任务实施

以广联达 BIM 钢筋算量软件为例，完成钢筋工程中梁钢筋的工程量计量。

1. 梁构件定义

如下图所示，在导航栏梁目录下，双击 🟦 梁(L)，新建构件 KL1，在属性编辑器内填入梁的相关信息，如截面宽度 300、截面高度 620、箍筋Φ8@100/200（2）、肢数 2、上部通长筋2Φ18、下部通长筋（此处不填，集中标注未注明，见原位标注），其他信息（如标高等）在其他属性内可根据实际情况进行修改。注意属性编辑器内的蓝色字体为公共属

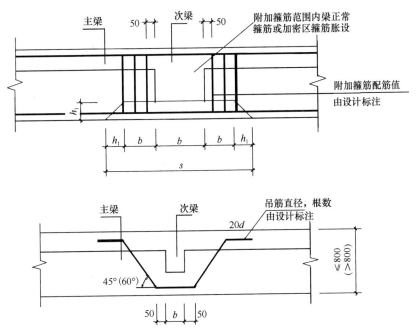

图 2.2-6　附加箍筋和吊筋构造示意图

性，黑色字体为私有属性。同样，建立其他梁构件。

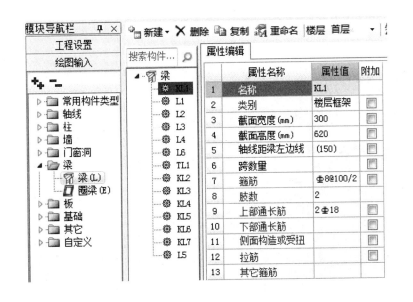

2. 梁构件的绘制

点击 绘图 进入梁构件的绘图界面，可采用 直线 、 矩形 、 智能布置 布置的方式，分别将定义好的梁构件布置到轴网的相应位置，如下图所示：

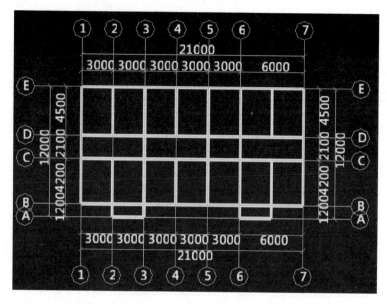

根据图纸梁的原位标注信息在软件上对梁进行原位标注，依次在第一跨左支座、跨中、右支座、跨中下部筋，第二跨……填入钢筋信息，如下图所示：

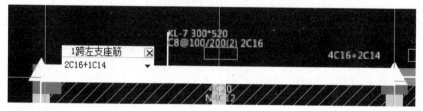

全部原位信息标注完毕后，点击 动态观察 功能按钮，按住鼠标左键，拖动鼠标，可观察梁的三维效果图，如下所示：

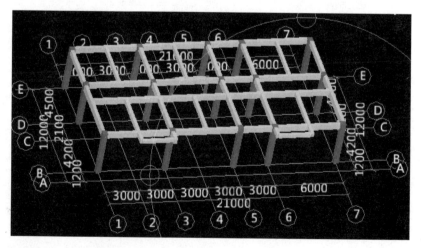

3. 工程量查看

图形绘制完毕后，点击 Σ汇总计算 ，软件进行自动汇总计算，选择要查看的构件，点击 查看工程量 ，可查看选定构件的钢筋详细数据，如下表所示：

筋号	直径(	级别	图号	图形	计算公式	公式描述	弯曲调整	长度(mm	根数
1跨.左支座筋1	16	Φ	18	240└ 2388	450-20+15*d+5875/3	支座宽-保护层+弯折+搭接	37	2591	1
1跨.右支座筋1	18	Φ	1	4366	5875/3+450+5875/3	搭接+支座宽+搭接	(0)	4366	2
1跨.侧面受扭筋1	12	Φ	18	180└ 6749	450-20+15*d+5875+37*d	支座宽-保护层+弯折+净长+直锚	27	6902	6
1跨.下部钢筋1	12	Φ	64	180└ 6735 ┘180	450-20+15*d+5875+450-20+15*d	支座宽-保护层+弯折+净长+支座宽-保护	55	7040	4
2跨.下部钢筋1	14	Φ	18	210└ 5023	37*d+4075+450-20+15*d	直锚+净长+支座宽-保护层+弯折	32	5201	4
1跨.箍筋1	8	Φ	195	580□260	2*((300-2*20)+(620-2*20))+2*(1		55	1815	40
1跨.拉筋1	6	Φ	485	260	(300-2*20)+2*(75+1.9*d)		(0)	433	48

或者钢筋量汇总数据，部分数据如下表所示。

钢筋总重量（kg）: 1134.024

	构件	钢筋总重量(	HPB300		HRB400									
			6	合计	6	8	12	14	16	18	20	22	25	合计
1	KL1	200.873	5.404	5.404	11.41	28.677	61.78	25.173	4.094	64.336	0	0	0	195.469
2	KL2	366.84	0	0	10.099	44.329	0	29.471	0	0	0	44.098	238.842	366.84
3	KL3	234.234	0	0	0	31.254	0	25.74	0	8.068	102.431	66.74	0	234.234
4	KL4	332.078	0.45	0.45	12.596	19.849	2.707	22.001	0	0	0	0	274.474	331.627
5	合	1134.02	5.854	5.854	34.106	124.109	64.487	102.385	4.094	72.404	102.431	110.83	513.317	1128.17

2.2.4　任务小结

本次任务介绍了框架梁钢筋工程量计算方法。要求了解工程量清单项目名称设置内容及计算规则，重点理解框架梁钢筋构造要求，理解框架梁上部筋、下部筋、支座负筋及箍筋工程量的计算方法；熟练操作软件流程并能够运用软件计算框架梁钢筋工程量。

2.2.5　知识拓展

钢筋预算长度和下料长度的区别

钢筋预算长度是依据定额规则计算的，施工下料长度是根据施工图纸和施工规范，并考虑施工方法计算的；下料长度需要考虑钢筋与钢筋之间的位置关系。如梁柱交接处的位置关系，还需考虑钢筋与钢筋的具体连接位置，而钢筋预算长度只考虑接头个数和搭接长度，不考虑具体位置。两者差别不大，但预算中的计算要粗一些，而下料长度更精细。

2.2.6　思考与练习

1. 熟练钢筋算量软件中梁构件的操作命令，准确运用软件计算梁钢筋的工程量。
2. 运用钢筋算量软件计算《1♯实验楼》中二层梁钢筋的工程量。

任务 2.3　板钢筋工程量计算

知识目标：

1. 了解钢筋工程量清单项目名称、项目特征描述及钢筋工程量计算规则等内容；

2. 理解板钢筋构造要求；

3. 掌握软件计算板钢筋工程量的方法。

能力目标：

能够运用软件计算有板钢筋工程量。

2.3.1 任务分析

板是框架结构的主要承重构件，在整个钢筋工程量中所占比重较大，是钢筋计量或钢筋下料工作中主要工作之一，其计算结果的准确程度是衡量造价人员工作能力的主要考核指标。本次任务包括：1. 明确钢筋相关项目名称设置依据；2. 领会《规范》、《定额》中的关于钢筋工程量的相关规定及工程量计算规则；3. 理解板的钢筋构造；4. 通过钢筋算量软件完成板钢筋的工程量计量工作。

2.3.2 相关知识

参见任务 2.1（柱钢筋工程量计算）的相关内容，此处从略。

2.3.3 板钢筋构造

常见的板钢筋端支座构造见下列构造：普通楼面板（图 (a)）、梁板式转换层楼面板（图 (b)）、有梁楼盖楼面板 LB 和屋面板 WB 钢筋构造（图 (c)）。

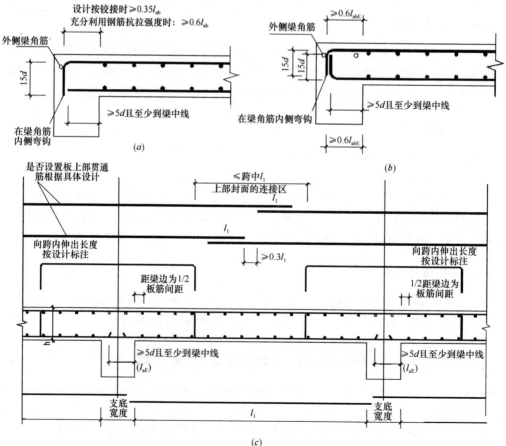

图 2.3-1　板钢筋构造示意图

一般情况下，常用板钢筋计算公式：

1. 板底筋长＝净跨长＋两端锚固

$$端支座锚固长度＝\max（5d，b/2），$$

b——支座宽度。

中间支座锚固长度同端支座。

$$根数＝［（净宽－两端起步距离）/板筋间距］＋1$$

2. 板顶筋长＝净跨长＋两端锚固

$$端支座锚固长度＝伸入梁角筋内侧弯15d，即（支座宽－c＋15d）$$

中间支座锚固长度同端支座。

$$根数＝［（净宽－两端起步距离）/板筋间距］＋1$$

3. 支座负筋长＝平直段长度＋两端弯折

端支座负筋锚固同顶部筋；

$$中间支座弯折长度＝板厚－2c$$

起步距离：距板边 1/2 板筋间距

$$根数＝［（负筋布置范围－两端起步距离）/板筋间距］＋1$$
$$分布筋根数＝［（负筋平直段长－50）/负筋间距］＋1$$

分布筋的起步距离 50（单侧）注意：光圆钢筋末端加 $180°$ 弯钩。

2.3.4　任务实施

以广联达 BIM 钢筋算量软件为例，完成钢筋工程中板钢筋的工程量计量。

1. 板构件定义

如下图所示，在导航栏板目录下，双击 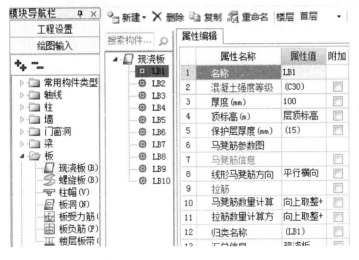 现浇板(B)，新建构件 LB1，在属性编辑器内填入板的相关信息，如名称 LB1、厚度 100、标高等，同样，建立其他板构件。

2. 板、受力筋和分布筋的绘制

首先布置板图元，点击 绘图 进入板构件的绘图界面，可采用 点、直线、矩形、智能布置 等布置的方式，分别将定义好的板构件布置到轴网的相应位置，如下图所示：

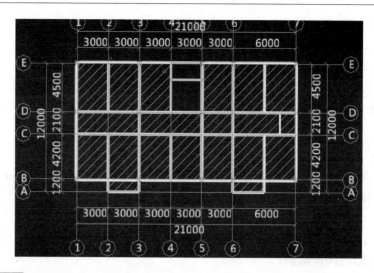

点击 动态观察 功能按钮，按住鼠标左键，拖动鼠标，可观察板的三维效果图，如下所示：

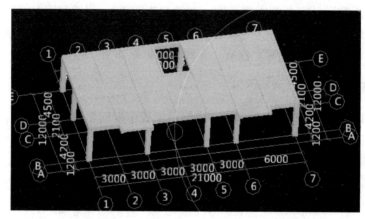

然后布置板受力筋：在模块导航栏内双击 板受力筋(S)，进入绘图界面，点击 单板，点击相应板的区域，弹出对话框，输入板受力钢筋信息如下：

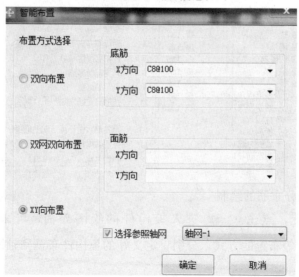

依次布置完余下的板受力筋，如下图所示：

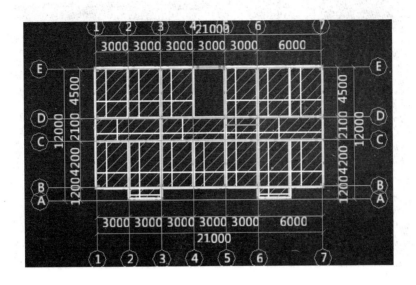

最后布置板负筋：在模块导航栏内双击 ⊞ **板负筋（F）**，新建构件 FJ-1，输入钢筋信息如Φ 8@200，左标注、右标注可按软件默认，画图后修改，也可按图纸信息输入，如下图所示：

	属性名称	属性值	附加
1	名称	FJ-1	
2	钢筋信息	Φ8@200	☑
3	左标注 (mm)	900	☐
4	右标注 (mm)	1200	☐
5	马凳筋排数	1/1	☐
6	非单边标注含支座宽	(是)	☐
7	左弯折 (mm)	(0)	☐
8	右弯折 (mm)	(0)	☐
9	分布钢筋	(Φ6@250)	☐
10	钢筋锚固	(35)	
11	钢筋搭接	(49)	
12	归类名称	(FJ-1)	☐
13	计算设置	按默认计算设置计算	
14	节点设置	按默认节点设置计算	
15	搭接设置	按默认搭接设置计算	
16	汇总信息	板负筋	☐
17	备注		☐

常用的绘制方法有 ⊓ 按梁布置、⊓ 按板边布置 或 ⊤ 画线布置，全部布置完成后效果图如下所示：

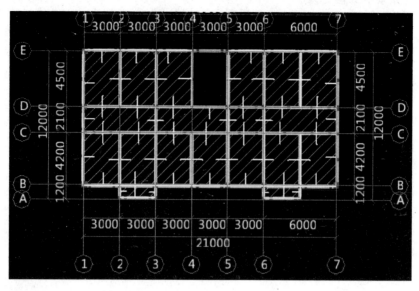

3. 工程量查看

图形绘制完毕后，点击 [Σ 汇总计算]，软件进行自动汇总计算，选择要查看的构件，点击 [⟲ 查看工程量]，可查看选定构件的钢筋详细数据，如下表所示：

筋号	直径(	级别	图号	图形	计算公式	公式描述	长度(mm)	根数
SLJ-3.1	8	Φ	1	2100	1800+max(300/2,5*d)+max(300/2,5*	净长+设定锚固+设定锚固	2100	39

或者钢筋量汇总数据，如下表所示：

	构件名称	钢筋总质量（kg）	HRB400		
			8	10	合计
1	SLJ-1[124]	48.585	48.585	0	48.585
2	SLJ-1[125]	47.282	47.282	0	47.282
3	SLJ-2[128]	42.66	42.66	0	42.66
4	SLJ-3[129]	34.335	34.335	0	34.335
5	SLJ-2[132]	40.29	40.29	0	40.29
6	SLJ-3[133]	30.395	30.395	0	30.395
7	SLJ-2[134]	40.29	40.29	0	40.29

钢筋总质量（kg）：598.621

2.3.5　任务总结

本次任务介绍了板钢筋工程量计算方法。要求了解工程量清单项目名称设置内容及计算规则，重点理解板钢筋构造要求，了解一般情况下板钢筋工程量的计算方法；熟练操作软件流程并能够运用软件计算板钢筋工程量。

2.3.6　知识拓展

钢筋弯曲直径

HPB300 级钢筋为了增加其与混凝土锚固的能力，一般在其两端做成 180°弯钩，因其韧性较好，圆弧弯曲直径 D 时钢筋直径的 2.5 倍，平直部分长度不小于钢筋直径的 3 倍；用于轻骨料混凝土结构时，其弯曲直径 D 不应小于钢筋直径的 3.5 倍。HRB335、HRB400 钢筋是变形钢筋，其与混凝土粘结性较好，一般在两端不设 180°弯钩。但由于锚固长度原因钢筋末端需做 90°或 135°弯钩时，则 HRB335 钢筋的弯曲直径不宜小于钢筋直径的 4 倍；HRB400 钢筋不宜小于钢筋直径的 5 倍。

2.3.7 思考与练习

1. 熟练钢筋算量软件中板构件的操作命令，准确运用软件计算板钢筋的工程量。
2. 运用钢筋算量软件计算《1♯实验楼》中二层板钢筋的工程量。

任务 2.4 基础钢筋工程量计算

> **知识目标:**
> 1. 了解钢筋工程量清单项目名称、项目特征描述及钢筋工程量计算规则等内容;
> 2. 理解独立基础钢筋构造要求;
> 3. 掌握软件计算独立基础钢筋工程量的方法。
>
> **能力目标:**
> 能够运用软件计算基础钢筋工程量。

2.4.1 任务分析

基础是框架结构的主要承重构件，在整个钢筋工程量中所占比重较大，是钢筋计量或钢筋下料工作中主要工作之一，其计算结果的准确程度是衡量造价人员工作能力的主要考核指标。本次任务包括：1. 明确钢筋相关项目名称设置依据；2. 领会《规范》、《计价定额》中的关于钢筋工程量的相关规定及工程量计算规则；3. 理解基础的钢筋构造；4. 通过钢筋算量软件完成基础钢筋的工程量计量工作。

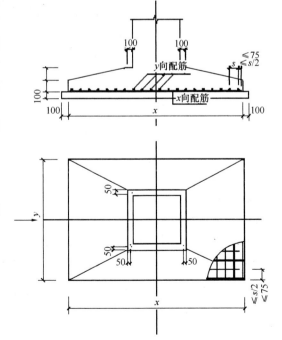

2.4.2 相关知识

参见任务 2.1（柱钢筋工程量计算）的相关内容，此处从略。

2.4.3 独立基础

1. 底板钢筋构造如图 2.4-1 所示；
2. 底板钢筋长度计算

X 向钢筋长度＝基础 X 方向长－2c

X 向钢筋根数＝｛［基础 Y 方向长度－2

图 2.4-1 独立基础底板钢筋构造示意图

$\times \max(75, s/2)] / X$ 方向钢筋间距$\} + 1$

$$Y \text{ 向钢筋长度} = \text{基础} Y \text{ 方向长} - 2c$$

Y 向钢筋根数 $= \{[\text{基础} X \text{ 方向长度} - 2 \times \max(75, s/2)] / Y \text{ 方向钢筋间距}\} + 1$

3. 底板配筋长度减短 10％构造：

当独立基础底板长度≥2500 时，除外侧钢筋外，底板配筋长度可取相应方向底板的 0.9 倍，交错放置。示意如图 2.4-2 所示。

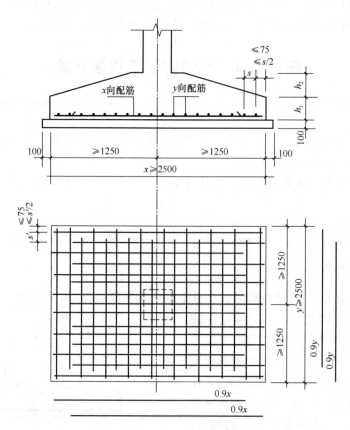

图 2.4-2　独立基础底板钢筋缩短 10％构造示意图

2.4.4　任务实施

以广联达 BIM 钢筋算量软件为例，完成钢筋工程中基础钢筋的工程量计量。

1. 独立基础定义

如下图所示，在导航栏基础目录下，点击 📁 **基础** 目录下的 🔩**独立基础(F)**并双击，在弹出的窗口新建构件 🔩 **DJ-1**及基础单元 🔩 **(底)DJ-1-1**，在属性编辑器内填入基础的相关信息，如截面长度 1300、截面宽度 1300，高度 400、横向受力筋 Φ12@150、纵向受力筋 Φ10@130 等，同样，建立其他独立基础构件，如下图所示。

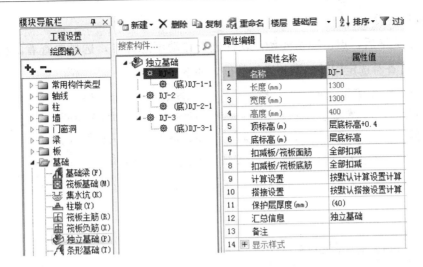

2. 基础构件的绘制

点击 绘图 进入基础构件的绘图界面，可采用 ⊠点 、 智能布置 布置的方式，分别将定义好的基础构件布置到轴网的相应位置，如下图所示：

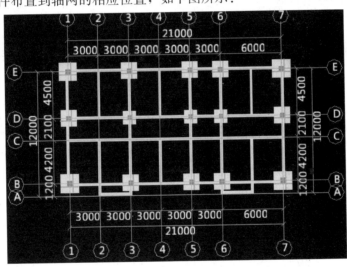

点击 动态观察 功能按钮，按住鼠标左键，拖动鼠标，可观察基础的三维效果图，如下所示：

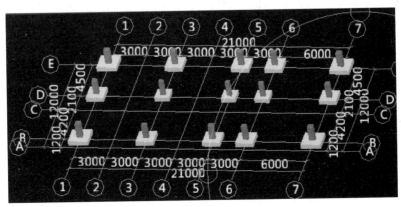

3. 工程量查看

图形绘制完毕后，点击 | Σ 汇总计算 |，软件进行自动汇总计算，选择要查看的构件，点击 | ⌘ 查看工程量 |，可查看选定构件的钢筋详细数据，如下表所示：

筋号	直	级别	图号	图形	计算公式	公式描述	长度(	根数
横向底筋.1	14	Φ	1	1520	1600-40-40	净长-保护层-保护层	1520	2
横向底筋.2	14	Φ	1	1520	1600-40-40	净长-保护层-保护层	1520	7
纵向底筋.1	12	Φ	1	1520	1600-40-40	净长-保护层-保护层	1520	2
纵向底筋.2	12	Φ	1	1520	1600-40-40	净长-保护层-保护层	1520	7

或者钢筋量汇总数据，见下表：

	构件名称	钢筋总重量（kg）	HRB400			
			10	12	14	合计
1	DJ-1[936]	17.278	7.527	9.75	0	17.278
2	DJ-1[938]	17.278	7.527	9.75	0	17.278
3	DJ-1[940]	17.278	7.527	9.75	0	17.278
4	DJ-3[944]	36.086	0	15.274	20.812	36.086
5	DJ-3[946]	36.086	0	15.274	20.812	36.086
6	DJ-3[948]	36.086	0	15.274	20.812	36.086
7	DJ-3[950]	36.086	0	15.274	20.812	36.086

2.4.5 任务小结

本次任务介绍了独立基础钢筋工程量计算方法。要求了解工程量清单项目名称设置内容及计算规则，重点理解独立基础钢筋的构造要求，了解独立基础钢筋工程量的计算方法；熟练操作软件流程并能够运用软件计算独立基础钢筋工程量。

2.4.6 知识拓展

量度差值的含义。

钢筋在弯曲过程中长度会发生变化：外皮伸长、内皮缩短、中轴线不变。但钢筋长度的度量方法系指外包尺寸，钢筋弯曲后，存在一个量度差值，在计算下料长度时必须加以扣除，否则势必形成下料太长，造成浪费，或弯曲成型后钢筋尺寸大于要求造成保护层不够，甚至钢筋尺寸大于模板尺寸而造成返工。故：下料尺寸按中轴线计算，钢筋的外包尺寸和轴线尺寸之间存在一个差值，称为量度差值，也叫"弯曲调整值"。

2.4.7 思考与练习

1. 熟练钢筋算量软件中独立基础构件的操作命令，准确运用软件计算基础底板钢筋的工程量。

2. 运用钢筋算量软件计算《1#实验楼》中独立基础钢筋的工程量。

项目3 砌筑工程工程量计算

项目描述：小李是刚刚进入职场的工程造价专业毕业生，其所在的项目部承建一栋砖混住宅，项目经理交给小李的工作是核算该栋建筑基础至二层的砌筑工程工程量，以备申请拨付工程进度款之用。

任务3.1 砖（石）基础工程量计算

> **知识目标：**
> 1. 了解砖（石）基础工程量清单项目名称、项目特征描述等内容；
> 2. 理解砖（石）基础工程量计算规则；
> 3. 掌握砖（石）基础工程量计算方法。
>
> **能力目标：**
> 1. 能够计算砖（石）基础工程量；
> 2. 能够运用软件计算砖（石）基础工程量。

3.1.1 任务分析

砖（石）基础是建筑物基础工程中常见的结构形式，应用十分广泛。基础工程量的计算是完成主体工程造价的基本工作之一，也是造价人员在造价管理工作中应具备的最基本能力。本次任务包括：1.明确砖基础、石基础相关项目名称设置依据；2.领会《规范》、《定额》中关于砖基础、石基础等项目的相关规定及工程量计算规则；3.通过算量软件完成基础工程量计量工作。

3.1.2 相关知识

1. 工程量清单项目设置

依据《规范》规定，砖基础、石基础工程量清单项目设置、项目特征描述内容、计量单位及清单工程量计算规则，如表3.1-1所示：

表3.1-1 砖石基础

项目编码	项目名称	项目特征	计量单位	清单工程量计算规则	工作内容
010401001	砖基础	1. 砖品种、规格、强度等级 2. 基础类型 3. 砂浆强度等级 4. 防潮层材料种类	m³	按设计图示尺寸以体积计算。 包括附墙垛基础宽出部分体积，扣除地梁（圈梁）、构造柱所占体积，不扣除基础大放脚T形接头处的重叠部分及嵌入基础内的钢筋、铁件、管道、基础砂浆防潮层和单个面积≤0.3m²的孔洞所占体积，靠墙暖气沟的挑檐不增加。 基础长度：外墙按外墙中心线，内墙按内墙净长线计算	1. 砂浆制作、运输 2. 砌砖 3. 防潮层铺设 4. 材料运输

67

续表

项目编码	项目名称	项目特征	计量单位	清单工程量计算规则	工作内容
010403001	石基础	1. 石料种类、规格 2. 基础类型 3. 砂浆强度等级	m³	按设计图示尺寸以体积计算。 包括附墙垛基础宽出部分体积，不扣除基础砂浆防潮层及单个面积≤0.3m²的孔洞所占体积，靠墙暖气沟的挑檐不增加体积。 基础长度：外墙按外墙中心线，内墙按净长线计算	1. 砂浆制作、运输 2. 吊装 3. 砌石 4. 防潮层铺设 5. 材料运输

2. 工程量计算规则的应用

（1）砌体厚度的规定

1）标准砖尺寸为 240mm×115mm×53mm。

2）标准砖墙厚度按表 3.1-2 计算。

表 3.1-2 标准墙计算厚度表

砖数（厚度）	1/4	1/2	3/4	1	1.5	2
计算厚度（mm）	53	115	180	240	365	490

（2）基础与墙（柱）身的划分

1）基础与墙（柱）身使用同一种材料时，以设计室内地坪为界（有地下室者，以地下室室内设计地面为界），以下为基础，以上为墙（柱）身；见图 3.1-1（c）。

2）基础与墙身使用不同材料，材料分界线位于设计室内地坪高度≤±300mm 时，以不同材料为分界线，见图 3.1-1（a），＞±300mm 时，以设计室内地坪为分界线，以下为基础，以上为墙（柱）身，如图 3.1-1（b）所示；

3）围墙以设计室外地坪为分界线，以下为基础，以上为墙（柱）身。

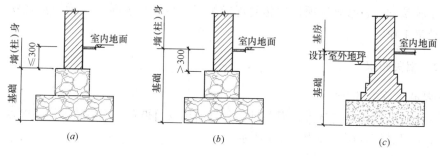

图 3.1-1　基础和墙（柱）身划分示意图

（3）砖基础

按设计图示尺寸以体积计算。包括附墙垛基础宽出部分体积，扣除地梁（圈梁）、构造柱所占体积，不扣除基础大放脚 T 形接头处的重叠部分及嵌入基础内的钢筋、铁件、管道、基础砂浆防潮层和单个面积≤0.3m²的孔洞所占体积，靠墙暖气沟的挑砖不增加。

基础长度：外墙按外墙中心线，内墙按内墙净长线计算。

（4）石基础

按设计图示尺寸以体积计算。包括附墙垛基础宽出部分体积，不扣除基础砂浆防潮层和单个面积≤0.3m²的孔洞所占体积，靠墙暖气沟的挑檐不增加体积。

基础长度：外墙墙基按外墙中心线长度计算，内墙墙基按内墙基净长线计算。

例题 3.1-1：某砖混结构房屋，条形基础平面布置图及剖面图如图 3.1-2 所示，试计算基础工程量。

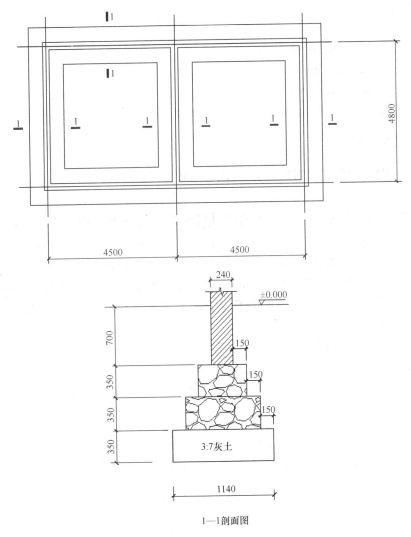

1—1剖面图

图 3.1-2　例题 3.1-1 图

3∶7 灰土垫层工程量：

$L_{外}=(4.5+4.5+4.8)\times 2=27.6\text{m}$

$V_{1-1}=1.14\times 0.35\times 27.6=11.01\text{m}^3$

$L_{内}=4.8-1.14=3.6\text{m}$

$V_{2-2}=1.14\times 0.35\times 3.6=1.44\text{m}^3$

$V=V_{1-1}+V_{2-2}=11.01+1.44=12.45\text{m}^3$

毛石基础工程量：

$L_{外}=(4.5+4.5+4.8)\times 2=27.6\text{m}$

$V_{1-1}=[(1.14-0.15\times 2)\times 0.35+(1.14-0.15\times 4)\times 0.35]\times 27.6=13.33\text{m}^3$

$L_{内1}=4.8-(1.14-0.15\times2)=3.96m$

$L_{内2}=4.8-(1.14-0.15\times4)=4.26m$

$V_{2-2}=(1.14-0.15\times2)\times0.35\times3.96+(1.14-0.15\times4)\times0.35\times4.26=1.97m^3$

$V=V_{1-1}+V_{2-2}=13.33+1.97=15.3m^3$

砖基础工程量:

$L_{外}=(4.5+4.5+4.8)\times2=27.6m$

$V_{1-1}=0.24\times0.7\times27.6=6.87m^3$

$L_{内}=4.8-0.24=4.56m$

$V_{2-2}=0.24\times0.7\times4.56=4.76m^3$

$V=V_{1-1}+V_{2-2}=6.87+4.76=11.63m^3$

3.1.3 任务实施

以广联达 BIM 土建算量软件为例,完成砖基础工程量计算。

1. 基础构件定义

在导航栏的基础目录下,双击 **条形基础(T)**,新建基础构件 TJ-1,在属性编辑器中输入基础底面的标高-1.75,并建立矩形条基单元(底)3:7 灰土,在属性编辑器中输入 3:7 灰土台阶,底部的宽 1140、高 350。同样,再建立矩形条基单元毛石 1,在属性编辑器中输入毛石基础台阶,宽 840、高 350,再建立矩形条基单元毛石 2,在属性编辑器中输入毛石基础台阶,宽 540、高 350,最后建立矩形条基础单元砖基础,在属性编辑器中输入砖基础,宽 240、高 700,如下图所示:

属性编辑框				属性编辑框		
属性名称	属性值	附加		属性名称	属性值	附加
名称	3:7灰土			名称	毛石	
材质	无筋混凝	☐		材质	毛石	☐
混凝土强度等级	(C30)	☐		砂浆强度等级	(M7.5)	☐
混凝土类型	(低流动性	☐		砂浆类型	(混合砂浆	☐
搅拌方式	现浇混凝	☐		截面宽度(	840	☐
截面宽度(	1140	☐		截面高度(	350	☐
截面高度(	350	☐		截面面积(m	0.294	☐
截面面积(m	0.399	☐		相对底标高	0.35	☐
相对底标高	0	☐				

属性编辑框				属性编辑框		
属性名称	属性值	附加		属性名称	属性值	附加
名称	毛石2			名称	砖基础	
材质	毛石	☐		材质	砖	☐
砂浆强度等级	(M7.5)	☐		砂浆强度等级	(M7.5)	☐
砂浆类型	(混合砂浆	☐		砂浆类型	(混合砂浆	☐
截面宽度(	540	☐		截面宽度(	240	☐
截面高度(	350	☐		截面高度(	700	☐
截面面积(m	0.189	☐		截面面积(m	0.168	☐
相对底标高	0.7	☐		相对底标高	1.05	☐

2. 基础构件绘制

点击 <kbd>绘图</kbd> 进入基础构件的绘图界面，可采用 <kbd>直线</kbd> 布置的方式，分别将定义好的 TJ-1 布置到轴网的相应位置，点击 <kbd>三维</kbd> 功能按钮，按住鼠标左键，拖动鼠标，可观察条形基础的三维效果图，如下图所示。

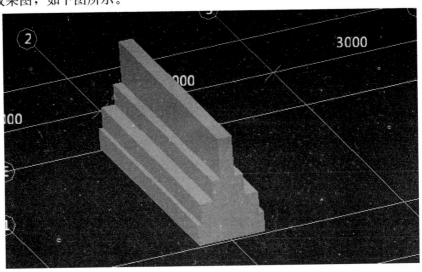

3. 工程量查看

图形绘制完毕后，点击 <kbd>Σ 汇总计算</kbd>，软件进行自动汇总计算，选择要查看的构件，点击 <kbd>查看工程量</kbd>，可查看需要的构件体积（含每个单元的体积）等相关信息，如下图所示：

构件工程量	做法工程量						
◉ 清单工程量 ○ 定额工程量　☑ 显示房间、组合构件量　☑ 只显示标准层单层量							
	分类条件			工程量名			
楼层	材质	混凝土强度等级	名称		1	2	3
1				条基单元	体积(m³)	模板面积(m²)	模板体积(m³)	底面面
2				3:7灰土	1.7955	3.948	1.7955
3			TJ-1	毛石	1.323	0	0
4				毛石2	0.8505	0	0
5				砖基础	0.311	0	0
6		—		小计	4.28	3.948	1.7955
7				条基单元	体积(m³)	模板面积(m²)	模板体积(m³)	底面面
8				3:7灰土	1.7955	3.948	1.7955
9		—	小计	毛石	1.323	0	0
10				毛石2	0.8505	0	0
11				砖基础	0.311	0	0
12	基础层			小计	4.28	3.948	1.7955
13				条基单元	体积(m³)	模板面积(m²)	模板体积(m³)	底面面
14				3:7灰土	1.7955	3.948	1.7955
15			小计	毛石	1.323	0	0
16				毛石2	0.8505	0	0
17				砖基础	0.311	0	0

3.1.4　任务小结

本次任务介绍了砖基础、石基础的工程量计算方法。要求了解工程量清单项目名称设置内容，理解计算规则的相关规定，掌握一般情况下砖基础、石基础工程量的计算方法；熟练操作软件流程并能够运用软件计算砖基础、石基础工程量。

3.1.5 知识拓展（表3.1-3、表3.1-4）

表3.1-3 砖地沟

项目编码	项目名称	项目特征	计量单位	工程量计算规则	工作内容
010401014	砖地沟	1. 砖品种、规格、强度等级。 2. 沟截面尺寸。 3. 垫层材料种类、厚度。 4. 混凝土强度等级。 5. 砂浆强度等级	m	以米计量，按设计图示尺寸以中心线长度计算	1. 土方挖、运、填。 2. 铺设垫层。 3. 底板混凝土制作、运输、浇筑、振捣、养护。 4. 砌砖。 5. 刮缝、抹灰。 6. 材料运输

表3.1-4 垫层

项目编码	项目名称	项目特征	计量单位	工程量计算规则	工作内容
010404001	垫层	垫层材料种类、配合比、厚度	m³	按设计图示尺寸以立方米计算	1. 垫层材料的拌制。 2. 垫层铺设。 3. 材料运输

以1#实验楼为例，计算图纸中地沟的工程量：

清单工程量：$L = 0.25 + 6.0 + 6.0 + 0.5 = 12.75m$

定额工程量：

C15混凝土垫层：$V = (1.0 + 0.37 \times 2 + 0.1 \times 2) \times 12.75 \times 0.1 = 2.474m^3$

地沟墙：$V = 0.37 \times 1.2 \times 12.75 \times 2 = 11.322m^3$

地沟墙内抹灰：$S = 1.2 \times 12.75 \times 2 = 30.6m^2$

3.1.6 思考和练习

1. 如何确定基础和墙身的分界线？
2. 熟练软件中砌体构件的操作命令，计算《1#实验楼》一层砌体工程量。

任务3.2 墙砌体工程量计算

知识目标：

1. 了解墙砌体工程量清单项目名称、项目特征描述等内容；
2. 理解墙砌体工程量计算规则；
3. 掌握墙砌体工程量计算方法。

能力目标：

1. 能够计算墙砌体工程量；
2. 能够运用软件计算墙砌体工程量。

3.2.1　任务分析

墙砌体是主体结构的重要组成部分，墙砌体工程量的计算是完成主体工程造价的基本工作，也是造价人员在造价管理工作中应具备的最基本能力。本次任务包括：1. 明确墙砌体相关项目名称设置依据；2. 领会《规范》、《定额》中的关于墙砌体项目的相关规定及工程量计算规则；3. 通过算量软件完成墙砌体工程量计量工作。

3.2.2　相关知识

1. 工程量清单项目设置

依据《规范》中的规定，有关墙砌体工程量清单项目设置、项目特征描述内容、计量单位及清单工程量计算规则，如表 3.2-1 所示：

表 3. 2-1　砖砌体

项目编码	项目名称	项目特征	计量单位	清单工程量计算规则	工作内容
010401003	实心砖墙	1. 砖品种、规格、强度等级 2. 墙体类型 3. 砂浆强度等级	m³	按设计图示尺寸以体积计算 扣除门窗、洞口、嵌入墙内的钢筋混凝土柱、梁、圈梁、挑梁、过梁及凹进墙内的壁龛、管槽、暖气槽、消火栓箱所占体积，不扣除梁头、板头、檩头、垫木、木楞头、沿缘木、木砖、门窗走头、砖墙内加固钢筋、木筋、铁件、钢管及单个面积≤0.3 m²的孔洞所占体积，凸出墙面的腰线、挑檐、压顶、窗台线、虎头砖、门窗套的体积亦不增加。凸出墙面的砖垛并入墙体体积内计算	1. 砂浆制作、运输 2. 砌砖 3. 刮缝 4. 砖压顶砌筑 5. 材料运输
010401004	多孔砖墙				
010401005	空心砖墙				
010402001	砌块墙	1. 砌块品种、规格、强度等级 2. 墙体类型 3. 砂浆强度等级	m³	按设计图示尺寸以体积计算 扣除门窗、洞口、嵌入墙内的钢筋混凝土柱、梁、圈梁、挑梁、过梁及凹进墙内的壁龛、管槽、暖气槽、消火栓箱所占体积。不扣除梁头、板头、檩头、垫木、木楞头、沿缘木、木砖、门窗走头、砌块墙内加固钢筋、木筋、铁件、钢管及单个面积≤0.3 m³的孔洞所占的体积。凸出墙面的腰线、挑檐、压顶、窗台线、虎头砖、门窗套的体积亦不增加。凸出墙面的砖垛并入墙体体积内计算。	1. 砂浆制作、运输 2. 砌砖、砌块 3. 勾缝 4. 材料运输

2. 工程量计算规则的应用

（1）墙长度：外墙按中心线，内墙按净长线计算。

（2）墙高度。

1）外墙：斜（坡）屋面无檐口天棚者算至屋面板底；有屋架且室内外均有天棚者算至屋架下弦底另加200mm；无天棚者算至屋架下弦底另加300mm，出檐宽度超过600mm时按实砌高度计算；与钢筋混凝土楼板隔层者算至板顶。平屋顶算至钢筋混凝土板底。

2）内墙：位于屋架下弦者，算至屋架下弦底；无屋架者算至天棚底另加100mm；有钢筋混凝土楼板隔层者算至楼板顶；有框架梁时算至梁底。

3）女儿墙：从屋面板上表面算至女儿墙顶面（如有混凝土压顶时算至压顶下表面）。

4）内、外山墙：按其平均高度计算。

（3）框架间墙：不分内外墙按墙体净尺寸以体积计算。

（4）围墙：高度算至压顶上表面（如有混凝土压顶时算至压顶下表面），围墙柱并入围墙体积内。

例题3.2-1：某建筑物一层局部平面布置图，框架结构，梁底标高均为**3.2m**，门过梁截面尺寸为墙厚×180，外墙均为**300**厚混凝土空心砌块墙，内墙为煤矸石空心砖**200**厚，试计算该层墙砌体工程量。

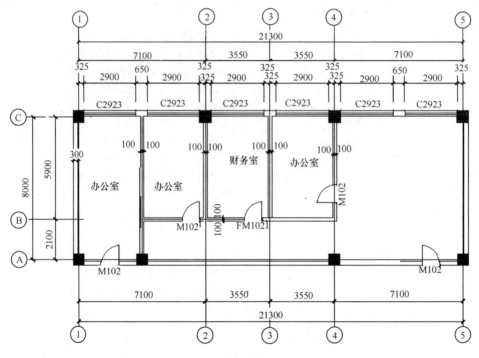

图3.2-1　例题3.2-1图

外墙工程量：

$L=(21.3-0.65\times3)\times2+(8.0-0.65)\times2=53.4\text{m}$

$V_{外1}=0.3\times3.2\times53.4=51.26\text{m}^3$

扣窗：$2.9\times2.3\times0.3\times6=12.01\text{m}^3$

扣门：$0.3\times1.0\times2.1\times2=1.26\text{m}^3$

扣门过梁：$(1.0+0.25\times2)\times0.3\times0.18\times2=0.162\text{m}^3$

$V_{外2}=51.26-12.01-1.26-0.162=37.83\text{m}^3$

内墙工程量：

$L_{纵墙} = 3.55 \times 3 - 0.1 + 0.1 = 10.65\text{m}$

$L_{横墙} = (8.0 + 0.325 \times 2 - 0.65 - 0.3) + (5.9 + 0.325 - 0.65 - 0.1) \times 2$

$\qquad + (5.9 + 0.325 - 0.3 - 0.1)$

$\qquad = 7.7 + 5.475 \times 2 + 5.825$

$\qquad = 24.48\text{m}^3$

$V_{内1} = 0.2 \times 3.2 \times (10.65 + 24.48) = 22.48\text{m}^3$

扣门：$0.2 \times 1.0 \times 2.1 \times 3 = 1.26\text{m}^3$

扣门过梁：$(1.0 + 0.25 \times 2) \times 0.2 \times 0.18 \times 3 = 0.162\text{m}^3$

内墙工程量 $V_{内2} = 22.48 - 1.26 - 0.162 = 21.06\text{m}^3$

3.2.3 任务实施

以广联达土建算量软件为例，完成墙砌体工程量计算。

1. 墙构件定义

在导航栏的墙目录下，双击  墙(Q)，根据不同厚度、不同材料，分别新建墙构件 QTQ-1、QTQ-2 等，在属性编辑器中输入墙体厚度、标高、材料等属性。如下图所示：

2. 墙构件绘制

点击 绘图 进入墙构件的绘图界面，可采用 直线 布置的方式，分别将定义好的墙体布置到轴网的相应位置，如下图所示：

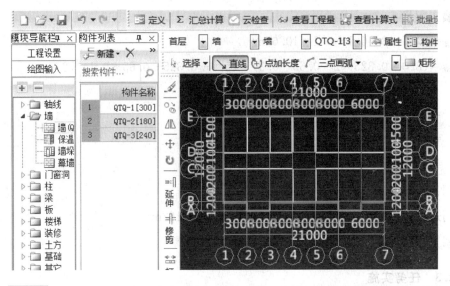

点击 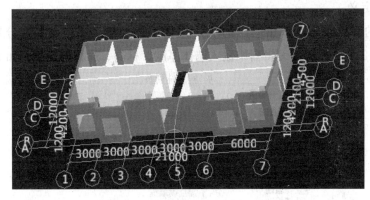 三维 功能按钮，按住鼠标左键，拖动鼠标，可观察墙体的三维效果图，如下图所示。

3. 工程量查看

图形绘制完毕后，点击 Σ 汇总计算，软件进行自动汇总计算，选择要查看的构件，点击 查看工程量，可查看需要的构件体积（含每个单元的体积）等相关信息，如下图所示：

		分类条件								
	楼层	材质	厚度	名称	长度(m)	墙高(m)	墙厚(m)	体积(m3)	外墙外侧	外墙内
1			180	QTQ-2[180]	52.77	33.6	1.44	29.5922	0	0
2				小计	52.77	33.6	1.44	29.5922	0	0
3			240	QTQ-3[240]	8.9	8.4	0.48	7.451	0	0
4	首层	砖		小计	8.9	8.4	0.48	7.451	0	0
5			300	QTQ-1[300]	68.75	58.8	4.06	47.2791	212.57	153.78
6				小计	68.75	58.8	4.06	47.2791	212.57	153.78
7			小计		130.42	100.8	5.98	84.3223	212.57	153.78
8		小计			130.42	100.8	5.98	84.3223	212.57	153.78
9		总计			130.42	100.8	5.98	84.3223	212.57	153.78

3.2.4　任务总结

本次任务介绍了墙砌体的工程量计算方法。要求了解工程量清单项目名称设置内容，理解计算规则的相关规定，掌握一般情况下实心砖墙、多孔砖墙、空心砖墙、砌块墙工程量的计算方法；熟练操作软件流程并能够运用软件计算墙砌体工程量。

3.2.5　知识拓展(表 3.2-2)

表 3.2-2　零星砌体

项目编码	项目名称	项目特征	计量单位	工程量计算规则	工作内容
010401012	零星砌体	1. 零星砌砖名称 2. 砖品种、规格、强度等级 3. 砂浆强度等级、配合比	1. m³ 2. m² 3. m 4. 个	1. 以立方米计量，按设计图示尺寸截面积乘以长度计量 2. 以平方米计量，按设计图示尺寸水平投影面积计算 3. 以米计量，按设计图示尺寸长度计算 4. 以个计量，按设计图示数量计算	1. 砂浆制作、运输 2. 砌砖 3. 刮缝 4. 材料运输
010401013	砖散水、地坪	1. 砖品种、规格、强度等级 2. 垫层材料种类、厚度 3. 散水、地坪厚度 4. 面层种类、厚度 5. 砂浆强度等级	m²	按设计图示尺寸以面积计算	1. 土方挖、运、填 2. 地基找平、夯实 3. 铺设垫层 4. 砌砖散水、地坪 5. 抹砂浆面层

以 1♯ 实验楼为例，见结施-3，计算地梁下两侧立砖工程量如下：

零星砌体工程量 $V = 0.06 \times 0.24 \times ((21.0 + 12.0) \times 2 + 0.25 \times 8 - 0.15 \times 8 + 1.2 \times 2)$

$\qquad\qquad = 0.06 \times 0.24 \times 69.2$

$\qquad\qquad = 66.835 \mathrm{m}^3$

3.2.6　思考与练习

1. 墙高及墙长有哪些规定？
2. 计算《1♯实验楼》一层内墙的工程量。
3. 熟练软件中墙构件的操作命令并计算《1♯实验楼》中墙体的工程量。

项目4 装饰工程工程量计算

项目描述：小李是某集团公司某项目部的现场造价员，项目经理交给小李的任务是按计划完成装饰装修工程量的计量工作，并做好准备与装饰装修工程分包商对量。小李当前的工作任务包括：1. 计算门窗工程工程量；2. 计算楼地面工程工程量；3. 计算墙、柱面工程工程量；4. 计算天棚工程工程量；5. 计算油漆、涂料、裱糊工程工程量。

任务4.1 门窗工程工程量计算

> **知识目标：**
> 1. 了解门窗工程工程量清单项目名称、项目特征描述等内容；
> 2. 理解门窗工程工程量计算规则；
> 3. 掌握门窗工程工程量计算方法。
>
> **能力目标：**
> 1. 能够计算门窗工程中各分项工程工程量；
> 2. 能够运用软件计算门窗工程中各分项工程工程量。

4.1.1 任务分析

门窗工程中各分项工程工程量的计算是构成装饰工程造价的主要工作内容之一，也是造价人员在造价管理工作中应具备的最基本能力。本次任务包括：1. 明确门窗工程中项目名称设置依据；2. 领会《规范》、《定额》中的关于木门、金属门、金属卷帘（闸）门、其他门、木窗、金属窗、门窗套、窗台板和窗帘、窗帘盒、窗帘轨等项目的相关规定及工程量计算规则；3. 通过算量软件完成门、窗等相关项目工程量计量工作。

4.1.2 相关知识

1. 工程量清单项目设置

依据《规范》中的规定，常见门窗工程量清单项目包括木门、金属门、金属卷帘（闸）门、其他门、木窗、金属窗、门窗套、窗台板和窗帘、窗帘盒、窗帘轨等。清单项目设置、项目特征描述内容、计量单位及清单工程量计算规则，如表4.1-1～表4.1-9所示。

（1）木门

表4.1-1　木门

项目编码	项目名称	项目特征	计量单位	清单工程量计算规则	工作内容
010801001	木质门	1. 门代号及洞口尺寸 2. 镶嵌玻璃品种、厚度	1. 樘 2. m²	1. 以樘计量，按设计图示数量计算 2. 以平方米计量，按设计图示洞口尺寸以面积计算	1. 门安装 2. 玻璃安装 3. 五金安装
010801003	木质连窗门				
010801004	木质防火门				

（2）金属门

表 4.1-2　金属门

项目编码	项目名称	项目特征	计量单位	清单工程量计算规则	工作内容
010802001	金属（塑钢）门	1. 门代号及洞口尺寸 2. 门框或扇外围尺寸 3. 门框、扇材质 4. 玻璃品种、厚度	1. 樘 2. m²	1. 以樘计量，按设计图示数量计算 2. 以平方米计量，按设计图示洞口尺寸以面积计算	1. 门安装 2. 五金安装 3. 玻璃安装
010802002	彩板门	1. 门代号及洞口尺寸 2. 门框或扇外围尺寸			
010802003	钢质防火门	1. 门代号及洞口尺寸 2. 门框或扇外围尺寸 3. 门框、扇材质			1. 门安装 2. 五金安装
010802004	防盗门				

（3）金属卷帘（闸）门

表 4.1-3　金属卷帘（闸）门

项目编码	项目名称	项目特征	计量单位	清单工程量计算规则	工作内容
010803001	金属卷帘（闸）门	1. 门代号及洞口尺寸 2. 门材质 3. 启动装置品种、规格	1. 樘 2. m²	1. 以樘计量，按设计图示数量计算 2. 以平方米计量，按设计图示洞口尺寸以面积计算	1. 门运输、安装 2. 启动装置、活动小门、五金安装
010803002	防火卷帘（闸）门				

（4）其他门

表 4.1-4　其他门

项目编码	项目名称	项目特征	计量单位	清单工程量计算规则	工作内容
010805001	电子感应门	1. 门代号及洞口尺寸 2. 门框或扇外围尺寸 3. 门框、扇材质 4. 玻璃品种、厚度 5. 启动装置品种、规格 6. 电子配件品种、规格	1. 樘 2. m²	1. 以樘计量，按设计图示数量计算 2. 以平方米计量，按设计图示洞口尺寸以面积计算	1. 门安装 2. 启动装置、五金、电子配件安装
010805002	旋转门				
010805003	电子对讲门	1. 门代号及洞口尺寸 2. 门框或扇外围尺寸 3. 门材质 4. 玻璃品种、规格 5. 启动装置品种、规格 6. 电子配件品种、规格			
010805004	电动伸缩门				

（5）木窗

表 4.1-5　木窗

项目编码	项目名称	项目特征	计量单位	清单工程量计算规则	工作内容
010806001	木质窗	1. 窗代号及洞口尺寸 2. 玻璃品种、厚度	1. 樘 2. m²	1. 以樘计量，按设计图示数量计算 2. 以平方米计量，按设计图示洞口尺寸以面积计算	1. 门安装 2. 五金、玻璃安装
010806002	木飘（凸）窗				
010806003	木橱窗	1. 窗代号 2. 框截面及外围展开面积 3. 玻璃品种、厚度 4. 防护材料种类		1. 以樘计量，按设计图示数量计算 2. 以平方米计量，按设计图示尺寸以框外围展开面积计算	1. 窗制作、运输、安装 2. 五金、玻璃安装 3. 刷防护材料
010806004	木纱窗	1. 窗代号及框外围尺寸 2. 窗纱材料品种、规格		1. 以樘计量，按设计图示数量计算 2. 以平方米计量，按框外围尺寸以面积计算	1. 窗安装 2. 五金安装

（6）金属窗

表 4.1-6　金属窗

项目编码	项目名称	项目特征	计量单位	清单工程量计算规则	工作内容
010807001	金属（塑钢、断桥）窗	1. 窗代号及洞口尺寸 2. 框、扇材质 3. 玻璃品种、厚度	1. 樘 2. m²	1. 以樘计量，按设计图示数量计算 2. 以平方米计量，按设计图示洞口尺寸以面积计算	1. 窗安装 2. 五金、玻璃安装
010807002	金属防火窗				
010807003	金属百叶窗				1. 窗安装 2. 五金安装
010807008	彩板窗	1. 窗代号及洞口尺寸 2. 框外围尺寸 3. 框、扇材质 4. 玻璃品种、厚度		1. 以樘计量，按设计图示数量计算 2. 以平方米计量，按设计图示洞口尺寸或框外围以面积计算	1. 窗安装 2. 五金、玻璃安装

（7）门窗套

表 4.1-7 门窗套

项目编码	项目名称	项目特征	计量单位	清单工程量计算规则	工作内容
010808001	木门窗套	1. 窗代号及洞口尺寸 2. 门窗套展开宽度 3. 基层材料种类 4. 面层材料品种、规格 5. 线条品种、规格 6. 防护材料种类	1. 樘 2. m²	1. 以樘计量，按设计图示数量计算 2. 以平方米计量，按设计图示洞口尺寸以展开面积计算 3. 以米计量，按设计图示中心以延长米计算	1. 清理基层 2. 立筋制作、安装 3. 基层板安装 4. 面层铺贴 5. 线条安装 6. 刷防护材料
010808004	金属门窗套	1. 窗代号及洞口尺寸 2. 门窗套展开宽度 3. 基层材料种类 4. 面层材料品种、规格 5. 防护材料种类			1. 清理基层 2. 立筋制作、安装 3. 基层板安装 4. 面层铺贴 5. 刷防护材料
010808005	石材门窗套	1. 窗代号及洞口尺寸 2. 门窗套展开宽度 3. 粘结层厚度、砂浆配合比 4. 面层材料品种、规格 5. 线条品种、规格			1. 清理基层 2. 立筋制作、安装 3. 基层抹灰 4. 面层铺贴 5. 线条安装
010808007	成品木门窗套	1. 门窗代号及洞口尺寸 2. 门窗套展开宽度 3. 门窗套材料品种、规格			1. 清理基层 2. 立筋制作、安装 3. 板安装

（8）窗台板

表 4.1-8 窗台板

项目编码	项目名称	项目特征	计量单位	清单工程量计算规则	工作内容
010809001	木窗台板	1. 基层材料种类 2. 窗台面板材质、规格、颜色 3. 防护材料种类	m²	按设计图示尺寸以展开面积计算	1. 清理基层 2. 基层制作、安装 3. 窗台板制作、安装 4. 刷防护材料
010809003	金属窗台板				
010809004	石材窗台板	1. 粘结层厚度、砂浆配合比 2. 窗台板材质、规格、颜色			1. 清理基层 2. 抹找平层 3. 窗台板制作、安装

（9）窗帘、窗帘盒、轨

表 4.1-9　窗帘、窗帘盒、轨

项目编码	项目名称	项目特征	计量单位	清单工程量计算规则	工作内容
010810001	窗帘	1. 窗帘材质 2. 窗帘高度、宽度 3. 窗帘层数 4. 带幔要求	1. m 2. m²	1. 以米计量，按设计图示尺寸以成活后长度计算 2. 以平方米计量，按图示尺寸按以成活后展开面积计算	1. 制作、运输 2. 安装
010810002	木窗帘盒	1. 窗帘盒材质、规格 2. 防护材料种类	m	按设计图示尺寸以长度计算	1. 制作、运输、安装 2. 刷防护材料
010810004	铝合金窗帘盒				
010810005	窗帘轨	1. 窗帘轨材质、规格 2. 轨的数量 3. 防护材料种类			

2. 工程量计算规则的应用

目前，在实际工程中，大多数的门、窗工程均为成品安装，均按设计图示尺寸以面积计算。

例题 4.1-1，参见例题 3.2-1 图，门窗表如下，成品大理石窗台宽 300mm，两侧伸入窗间墙各 50mm，计算门、窗、窗台板工程量。

类别	设计编号	洞口尺寸（mm）		数量	备注
		宽	高		
门	M1021	1000	2100	4	保温塑钢门
	FM1021	1000	2100	1	防盗门
窗	C2923	2900	2300	6	塑钢窗

门工程量：

保温塑钢门 $S=1.00\times2.1\times4=8.4\text{m}^2$

防盗门 $S=1.00\times2.1\times1=2.1\text{m}^2$

塑钢窗 $S=2.90\times2.3\times6=40.02\text{m}^2$

大理石窗台板 $S=0.3\times(2.9+0.05\times2)\times6=5.4\text{m}^2$

4.1.3　任务实施

以广联达 BIM 土建算量软件为例，完成装饰工程中门窗的工程量计算。

1. 门构件定义

如下图所示，在导航栏中 📁门窗洞目录下，点击 🔲 门(M) 进入定义构件界面，按门的相关尺寸信息新建门构件如 M-1830，在属性编辑器内填入 M-1830 的相关信息，如洞口宽度 1800、洞口高度 3000，其他信息（如离地高度等）可根据实际情况进行修改，依次定义其他门构件。

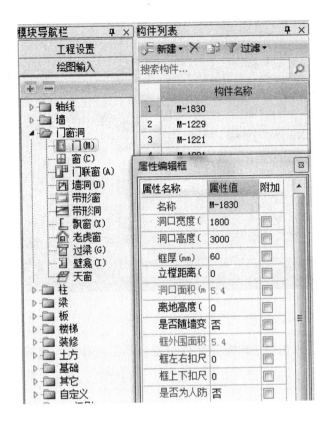

2. 门构件的绘制

点击 绘图 进入门构件的绘图界面，可采用 点 布置的方式，在下图中输入位置距离

 1100，即可将定义好的门构件准确布置到相应位置（如下

图），也可采用 智能布置 的方式布置。

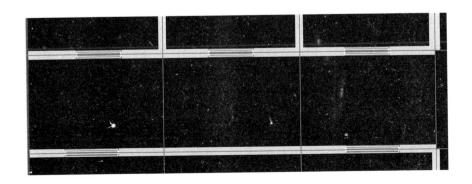

点击 三维 功能按钮，按住鼠标左键，拖动鼠标，可观察门的三维效果图，如下图所示：

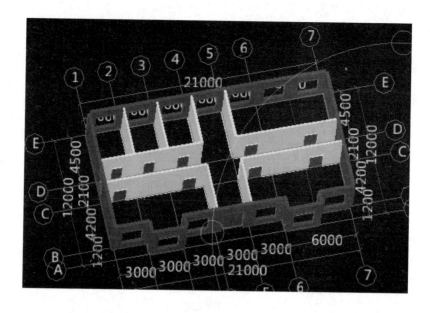

3. 工程量查看

图形绘制完毕后，点击 Σ 汇总计算 ，软件进行自动汇总计算，选择要查看的构件，点击 [64 查看工程量] ，可查看需要的构件洞口面积、数量、洞口宽度、高度、周长等相关信息，如下图所示：

				工程量名称			
	楼层	名称	洞口面积 (m²)	数量 (樘)	洞口宽度 (m)	洞口高度 (m)	洞口周长 (m)
1	首层	M-1021	6.3	3	3	6.3	18.6
2		M-1221	15.12	6	7.2	12.6	39.6
3		M-1528	4.2	1	1.5	2.8	8.6
4		M-1830	5.4	1	1.8	3	9.6
5		小计	31.02	11	13.5	24.7	76.4
6	总计		31.02	11	13.5	24.7	76.4

构件工程量 / 做法工程量
● 清单工程量 ○ 定额工程量 ☑ 显示房间、组合构件量 ☑ 只显示标准层单层量
分类条件

窗的软件操作方法同门构件，此处略。

4.1.4 任务小结

本次任务介绍了木门、金属门、金属卷帘（闸）门、其他门、木窗、金属窗、门窗套、窗台板和窗帘、窗帘盒、窗帘轨等装饰工程中常见项目的工程量计算方法。要求了解工程量清单各项目名称设置内容，理解计算规则，掌握门、窗工程相关工程量的计算方法；熟练操作软件流程并能够运用软件计算项目工程量。

4.1.5 知识拓展

定额工程量计算规则

1. 门、窗盖口条、贴脸、披水条，按设计图示尺寸以长度计算；

2. 普通门窗上部带有半圆窗的工程量应分别按半圆窗和普通窗计算，其分界线以普通

窗和半圆窗之间的横框上裁口线为分界线；

3. 门窗扇包镀锌铁皮，按门、窗洞口面积以面积计算；门窗框包镀锌铁皮，钉橡皮条、钉毛毡按图示门窗洞口尺寸以延长米计算；

4. 卷闸门安装以面积计量，按设计图示洞口尺寸以面积计算，带卷筒罩的按展开面积增加。电动装置安装以套计算，小门安装以个计算，小门面积不扣除；

5. 不锈钢门框、门窗套、花岗岩门套、门窗筒子板按展开面积计算。门窗贴脸、窗帘盒、窗帘轨按长度计算；

6. 窗台板按实铺面积计算。

7. 电子感应门及转门按定额尺寸以樘计算。

4.1.6　思考和练习

1. 门、窗相关工程量清单项目名称有哪些？工程量计算原则是什么？

2. 计算《1♯实验楼》一层门、窗的工程量。

3. 熟练软件中墙构件的操作命令并计算《1♯实验楼》中门窗的工程量。

任务 4.2　楼地面工程量计算

> **知识目标：**
>
> 1. 了解楼地面工程中各分项工程量清单项目名称、项目特征描述等内容；
>
> 2. 理解楼地面工程工程量计算规则；
>
> 3. 掌握楼地面工程工程量计算方法。
>
> **能力目标：**
>
> 1. 能够计算楼地面工程中各分项工程工程量；
>
> 2. 能够运用软件计算楼地面工程中各分项工程工程量。

4.2.1　任务分析

楼地面工程中各分项工程工程量的计算是构成装饰工程造价的主要工作内容之一，也是造价人员在造价管理工作中应具备的最基本能力。本次任务包括：1. 明确楼地面工程中项目名称设置依据；2. 领会《规范》、《定额》中的关于整体面层、块料面层、橡塑面层、踢脚线、楼梯装饰及零星装饰等项目的相关规定及工程量计算规则；3. 通过算量软件完成整体面层、块料面层、橡塑面层、踢脚线、楼梯装饰及零星装饰等项目工程量计量工作。

4.2.2　相关知识

1. 工程量清单项目设置

依据《规范》中的规定，常见的楼地面工程量清单项目包括整体面层及找平层、块料面层、其他材料面层、踢脚线、楼梯面层、台阶装饰和零星装饰项目等。清单项目设置、项目特征描述内容、计量单位及清单工程量计算规则，如表 4.2-1～表 4.2-6 所示。

（1）整体面层及找平层

表4.2-1　整体面层及找平层

项目编码	项目名称	项目特征	计量单位	清单工程量计算规则	工作内容
011101001	水泥砂浆楼地面	1. 找平层厚度、砂浆配合比 2. 素水泥浆遍数 3. 面层厚度、砂浆配合比 4. 面层做法要求	m²	按设计图示尺寸以面积计算。扣除突出地面构筑物、设备基础、室内管道、地沟等所占面积，不扣除间壁墙及≤0.3m²柱、垛、附墙烟囱及孔洞所占面积。门洞、空圈、暖气包槽、壁龛的开口部分不增加面积	1. 基层清理 2. 抹找平层 3. 抹面层 4. 材料运输
011101002	现浇水磨石楼地面	1. 找平层厚度、砂浆配合比 2. 面层厚度、水泥石子浆配合比 3. 嵌条材料种类、规格 4. 石子种类、规格、颜色 5. 颜料种类、颜色 6. 图案要求 7. 磨光、酸洗、打蜡要求	m²		1. 基层清理 2. 抹找平层 3. 面层铺设 4. 嵌缝条安装 5. 磨光、酸洗、打蜡 6. 材料运输
011101003	细石混凝土楼地面	1. 找平层厚度、砂浆配合比 2. 面层厚度、混凝土强度等级	m²		1. 基层清理 2. 抹找平层 3. 面层铺设 4. 材料运输
011101005	自流平楼地面	1. 找平层砂浆配合比、厚度 2. 界面剂材料种类 3. 中层漆材料种类、厚度 4. 面漆材料种类、厚度 5. 面层材料种类	m²		1. 基层处理 2. 抹找平层 3. 涂界面剂 4. 涂刷中层漆 5. 打磨、吸尘 6. 镘自流平面漆（浆） 7. 拌和自流平浆料 8. 铺面层
011101006	平面砂浆找平层	1. 找平层厚度、砂浆配合比	m²	按设计图示尺寸以面积计算	1. 基层清理 2. 抹找平层 3. 材料运输

（2）块料面层

表 4.2-2 块料面层

项目编码	项目名称	项目特征	计量单位	清单工程量计算规则	工作内容
011102001	石材楼地面	1. 找平层厚度、砂浆配合比 2. 结合层厚度、砂浆配合比 3. 面层材料品种、规格、颜色 4. 嵌缝材料种类 5. 防护层材料种类 6. 酸洗、打蜡要求	m²	按设计图示尺寸以面积计算。门洞、空圈、暖气包槽、壁龛的开口部分并入相应的工程量内	1. 基层清理 2. 抹找平层 3. 面层铺设、磨边 4. 嵌缝 5. 刷防护材料 6. 酸洗、打蜡 7. 材料运输
011102002	碎石材楼地面				
011102003	块料楼地面				

（3）其他材料面层

表 4.2-3 其他材料面层

项目编码	项目名称	项目特征	计量单位	清单工程量计算规则	工作内容
011104001	地毯楼地面	1. 面层材料品种、规格、颜色 2. 防护材料种类 3. 粘结材料种类 4. 压线条种类	m²	按设计图示尺寸以面积计算。门洞、空圈、暖气包槽、壁龛的开口部分并入相应的工程量内	1. 基层清理 2. 铺贴面层 3. 刷防护材料 4. 装订压条 5. 材料运输
011104002	竹、木复合地板	1. 龙骨材料种类、规格、铺设间距 2. 基础材料种类、规格 3. 面层材料品种、规格、颜色 4. 防护材料种类	m²		1. 基层清理 2. 龙骨铺设 3. 基层铺设 4. 面层铺贴 5. 刷防护材料 6. 材料运输
011104003	金属复合地板				
011104004	防静电活动地板	1. 支架高度、材料种类 2. 面层材料品种、规格、颜色 3. 防护材料种类	m²		1. 基层清理 2. 固定支架安装 3. 活动面层安装 4. 刷防护材料 5. 材料运输

（4）踢脚线

表 4.2-4 踢脚线

项目编码	项目名称	项目特征	计量单位	清单工程量计算规则	工作内容
011105001	水泥砂浆踢脚线	1. 踢脚线高度 2. 底层厚度、砂浆配合比 3. 面层厚度、砂浆配合比	1. m² 2. m		1. 基层清理 2. 底层和面层抹灰 3. 材料运输
011105002	石材踢脚线	1. 踢脚线高度 2. 粘结层厚度、材料种类 3. 面层材料品种、规格、颜色 4. 防护材料种类	1. m² 2. m	1. 以平方米计量，按设计图示长度乘以高度以面积计算 2. 以米计量，按延长米计算	1. 基层清理 2. 底层抹灰 3. 面层铺贴、磨边 4. 擦缝 5. 磨光、酸洗、打蜡 6. 刷防护材料 7. 材料运输
011105003	块料踢脚线				
011105004	塑料板踢脚线	1. 踢脚线高度 2. 粘结层厚度、材料种类 3. 面层材料品种、规格、颜色	1. m² 2. m	1. 以平方米计量，按设计图示长度乘以高度以面积计算 2. 以米计量，按延长米计算	1. 基层清理 2. 基层铺贴 3. 面层铺贴 4. 材料运输
011105005	木质踢脚线	1. 踢脚线高度 2. 基层材料种类、规格 3. 面层材料品种、规格、颜色	1. m² 2. m	1. 以平方米计量，按设计图示长度乘以高度以面积计算 2. 以米计量，按延长米计算	
011105006	金属踢脚线				

（5）楼梯面层

表 4.2-5 楼梯面层

项目编码	项目名称	项目特征	计量单位	清单工程量计算规则	工作内容
011106001	石材楼梯面层	1. 找平层厚度、砂浆配合比 2. 粘结层厚度、材料种类 3. 面层材料品种、规格、颜色 4. 防滑条材料种类、规格 5. 勾缝材料种类 6. 防护材料种类 7. 酸洗、打蜡要求	m²	1. 按设计图示尺寸以楼梯（包括踏步、休息平台及≤500mm 的楼梯井）水平投影面积计算。楼梯与楼地面相连时，算至梯口梁内侧边沿；无梯口梁者，算至最上一层踏步边沿加 300mm	1. 基层清理 2. 抹找平层 3. 面层铺贴、磨边 4. 贴嵌防滑条 5. 勾缝 6. 刷防护材料 7. 酸洗、打蜡 8. 材料运输
011106002	块料楼梯面层				

项目编码	项目名称	项目特征	计量单位	清单工程量计算规则	工作内容
011106004	水泥砂浆楼梯面层	1. 找平层厚度、砂浆配合比 2. 面层厚度、砂浆配合比 3. 防滑条材料种类、规格	m²	按设计图示尺寸以楼梯（包括踏步、休息平台及≤500mm的楼梯井）水平投影面积计算。楼梯与楼地面相连时，算至梯口梁内侧边沿；无梯口梁者，算至最上一层踏步边沿加300mm	1. 基层清理 2. 抹找平层 3. 抹面层 4. 抹防滑条 5. 材料运输
011106005	现浇水磨石楼梯面层	1. 找平层厚度、砂浆配合比 2. 面层厚度、水泥石子浆配合比 3. 防滑条材料种类、规格 4. 石子种类、颜色 6. 磨光、酸洗打蜡要求	m²		1. 基层清理 2. 抹找平层 3. 抹面层 4. 贴嵌防滑条 5. 磨光、酸洗、打蜡 6. 材料运输

（6）台阶装饰

表 4.2-6　台阶装饰

项目编码	项目名称	项目特征	计量单位	清单工程量计算规则	工作内容
011107001	石材台阶面	1. 找平层厚度、砂浆配合比 2. 粘结材料种类 3. 面层材料品种、规格、颜色	m²	按设计图示尺寸以台阶（包括最上层踏步边沿加 300mm）水平投影面积计算	1. 基层清理 2. 抹找平层 3. 面层铺贴 4. 贴嵌防滑条 5. 勾缝 6. 刷防护材料 7. 材料运输
011107002	块料台阶面	4. 勾缝材料种类 5. 防滑条材料种类、规格 6. 防护材料种类			
011107004	水泥砂浆台阶面	1. 找平层厚度、砂浆配合比 2. 面层厚度、砂浆配合比 3. 防滑条材料种类	m²		1. 基层清理 2. 抹找平层 3. 抹面层 4. 抹防滑条 5. 材料运输
011108004	水泥砂浆零星项目	1. 工程部位 2. 找平层厚度、砂浆配合比 3. 面层厚度、砂浆厚度	m²	按设计图示尺寸以面积计算	1. 基层清理 2. 抹找平层 3. 抹面层 4. 材料运输

2. 工程量计算规则的应用

（1）按设计图示尺寸以面积计算。扣除突出地面构筑物、设备基础、室内管道、地沟等

所占面积，不扣除间壁墙及≤0.3m²柱、垛、附墙烟囱及孔洞所占面积。门洞、空圈、暖气包槽、壁龛的开口部分不增加面积

（2）找平层和防滑坡道按图示尺寸以面积计算；

（3）楼地面装饰面积按设计图示尺寸以面积计算。门洞口、空圈、暖气包槽、壁龛的开口部分并入相应的工程量内。

例题 4.2-1，参见例题 3.2-1 图，室内装饰做法如下表所示，计算楼地面工程量。

楼面-1	大理石楼面
构造做法	1. 30 厚大理石面层； 2. 1：3 干硬性水泥浆结合层，表面撒水泥粉； 3. 水泥浆一道（内掺建筑胶）； 4. 钢筋混凝土楼板
适用部位	财务室
楼面-2	水泥砂浆楼面
构造做法	1. 20 厚 1：3 水泥砂浆面层，随打随抹光； 2. 钢筋混凝土楼板
适用部位	办公室

大理石楼面工程量

$S=(3.55-0.1\times2)\times(5.9+0.325-0.3-0.1)+1.0\times0.2=19.71m^2$

水泥砂浆楼面工程量

$S_1=(3.55+0.325-0.3-0.1)\times(8.0+0.325\times2-0.3\times2)=27.97m^2$

$S_2=(3.55-0.1\times2)\times(5.9+0.325-0.3-0.1)\times2=39.03m^2$

$S=S_1+S_2=27.97+39.03=67.0m^2$

（4）防滑条按楼梯、台阶踏步长度减 0.3m 计算。

（5）台阶面层按设计图示尺寸以台阶（包括最上层踏步边沿加 0.3m）水平投影面积计算。

（6）踢脚线以面积计算，按设计图示长度乘高度以面积计算；成品踢脚线按长度计算。楼梯踢脚线按水平投影长度乘以系数 1.15 计算。

（7）石材底面刷防护液按底面面积加 4 个侧面面积，以面积计算。

（8）水泥砂浆踢脚板按 m 计算，不扣除洞口、空圈长度，洞口、空圈、墙垛等侧壁不增加。

（9）楼梯堵头、牵边抹灰，按楼梯水平投影面积乘以系数 0.43 计算，套用水泥砂浆踢脚板定额。

例题 4.2-2：参照例题 1.6-1 图，楼梯间装饰做法如下表，计算楼梯间装饰工程量。

楼面-1	水泥砂浆楼梯面层
构造做法	1. 20 厚 1：2 水泥砂浆压实赶光； 2. 踏步设防滑条（铜嵌条 4×6）； 3. 钢筋混凝土楼板
适用部位	楼梯间

续表

楼面-1	水泥砂浆楼梯面层
踢脚-1	水泥砂浆踢脚 150 高
构造做法	1. 1：2.5 水泥砂浆 8 厚抹光； 2. 1：3 水泥砂浆 12 厚打底并划出纹道； 3. 刷素水泥浆一道； 4. 墙体
适用部位	楼梯间踢脚

水泥砂浆楼梯面层工程量

$S=$ 楼梯水平投影面积

$=(6.9-0.125\times2)\times(3.6-0.125\times2)$

$=22.278\text{m}^2$

踏步防滑条工程量

$L=(1.6-0.3)\times(9+11)=26.0\text{m}$

踢脚线工程量

$L_1=\{(6.9-0.125\times2)+(3.6-0.125\times2)\}\times2-(2.52+2.52+0.56)=14.4\text{m}$

$L_2=(2.52+2.52+0.56)\times1.15=6.44\text{m}$

$L_3=22.278\times0.43/0.15=63.86\text{m}$

$L=L_1+L_2=14.4+6.44+63.86=84.7\text{m}$

4.2.3　任务实施

以广联达 BIM 土建算量软件为例，完成装饰工程中楼地面的工程量计算。

1. 楼地面构件定义

如下图所示，在导航栏中 📂装修目录下，点击 楼地面(V) 进入定义构件界面，按图纸的相关信息新建地面构件如 DM-1，也可根据个人的习惯标注地面名称（如水泥砂浆地面）。与其他构件不同，楼地面属性编辑器内的相关信息没有特殊情况可不做修改，依次定义其他楼地面构件。

2. 楼地面构件的绘制

点击 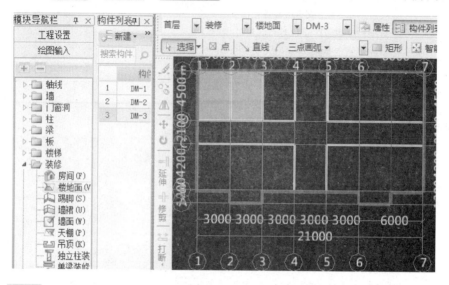 进入楼地面构件的绘图界面,可采用 ⊠ 点 布置的方式,布置到相应位置如下图,也可采用 ↘ 直线 、 □ 矩形 或 ⊞ 智能布置 等方式布置。如下只布置了两个房间:

点击 三维 功能按钮,按住鼠标左键,拖动鼠标,可观察楼地面的三维效果图如下所示:

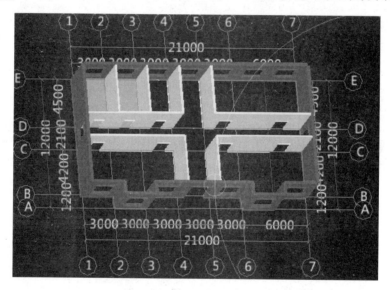

如果地面有防水功能,可设置防水高度:在工作栏内点击 ⊡ 定义立面防水高度 ,可弹出下面对话框,根据防水高度进行设置,见下图:

3. 工程量查看

图形绘制完毕后，点击 Σ 汇总计算，软件进行自动汇总计算，选择要查看的构件，点击 SJ 查看工程量，可查看需要的构件洞口面积、数量、洞口宽度、高度、周长等相关信息，如下所示：

分类条件			工程量名称				
楼层	名称	所属房间	地面积(m2)	块料地面积(m2)	地面周长(m)	水平防水面积	立面防水面积
首层	DM-1	[无]	24.7648	25.0048	28.8	32.0848	6.76
		小计	24.7648	25.0048	28.8	32.0848	6.76
	小计		24.7648	25.0048	28.8	32.0848	6.76
总计			24.7648	25.0048	28.8	32.0848	6.76

4.2.4　任务总结

本次任务介绍了整体面层及找平层、块料面层、其他材料面层、踢脚线、楼梯面层、台阶装饰和零星装饰项目等楼地面工程中常见项目的工程量计算方法。要求了解工程量清单各项目名称设置内容，理解计算规则，掌握楼地面工程量的计算方法；熟练操作软件流程并能够运用软件计算项目工程量。

4.2.5　知识拓展

地面装饰工程常见名词：

1. 波打线

波打线也称波导线，又称之为花边或边线，主要用在地面周边或者过道玄关等地方。一般为块料楼（地）面沿墙边四周所做的装饰线，主要是用一些和地面面层主体颜色有一些区分的材料加工而成。在室内装修过程中，波打线主要起到进一步装饰地面的效果，使地面看起来具有艺术韵味，以增加设计效果，富有美感。

2. 过门石

过门石就是石头门槛，用来解决内外高差、解决两种材料交接过渡、阻挡水、起到美观等作用的一条石板。

在工程量计算过程中，波打线和过门石均需单独计算，避免漏项或缺量而影响造价。

3. 石材拼花

石材拼花是在现代建筑装饰工程中被广泛应用于地面、墙面、台面等的装饰，以其石材的天然美（颜色、纹理、材质）加上人们的艺术构想"拼"出一幅幅精美的图案。计算工程量时，大理石、花岗岩楼地面拼花按成品考虑。

4.2.6　思考与练习

1. 楼地面相关工程量清单项目名称有哪些？工程量计算原则是什么？
2. 计算《1♯实验楼》一层地面工程量。
3. 熟练软件中楼地面构件的操作命令并计算《1♯实验楼》中楼地面工程量。

任务 4.3 墙面工程量计算

> **知识目标：**
> 1. 了解墙面工程中各分项工程量清单项目名称、项目特征描述等内容；
> 2. 理解墙面工程工程量计算规则；
> 3. 掌握墙面工程工程量计算方法。
>
> **能力目标：**
> 1. 能够计算墙面工程中各分项工程工程量；
> 2. 能够运用软件计算墙面工程中各分项工程工程量。

4.3.1 任务分析

墙面工程中各分项工程工程量的计算是构成装饰工程造价的主要工作内容之一，也是造价人员在造价管理工作中应具备的最基本能力。本次任务包括：1. 明确墙、柱面工程中项目名称设置依据；2. 领会《规范》、《定额》中的关于墙面抹灰、零星抹灰、墙面块料面层、墙饰面、幕墙工程和隔断等项目的相关规定及工程量计算规则；3. 通过算量软件完成墙面抹灰、零星抹灰、墙面块料面层、墙饰面、幕墙工程和隔断等项目工程量计量工作。

4.3.2 相关知识

1. 工程量清单项目设置

依据《规范》中的规定，常见的墙面装饰工程量清单项目包括墙面抹灰、零星抹灰、墙面块料面层、墙饰面。清单项目设置、项目特征描述内容、计量单位及清单工程量计算规则，如表 4.3-1～表 4.3-4 所示：

（1）墙面抹灰

表 4.3-1 墙面抹灰

项目编码	项目名称	项目特征	计量单位	清单工程量计算规则	工作内容
011201001	墙面一般抹灰	1. 墙体类型 2. 底层厚度、砂浆配合比 3. 面层厚度、砂浆配合比	m²	按设计图示尺寸以面积计算。扣除墙裙、门窗洞口及单个＞0.3m² 的孔洞面积，不扣除踢脚线、挂镜线和墙与构件交接处的面积，门窗洞口和孔洞的侧壁及顶面不增加面积。附墙柱、梁、垛、烟囱侧壁并入相应的墙面面积内 1. 外墙抹灰面积按外墙垂直投影面积计算 2. 外墙裙抹灰面积按其长度乘以高度计算 3. 内墙抹灰面积按主墙间的净长乘以高度计算 （1）无墙裙的，高度按室内楼地面至天棚底面计算 （2）有墙裙的，高度按墙裙顶至天棚底面计算 （3）有吊顶天棚抹灰，高度算至天棚底 4. 内墙裙抹灰面按内墙净长乘以高度计算	1. 基层清理 2. 砂浆制作运输 3. 底层抹灰 4. 抹面层 5. 抹装饰面 6. 勾分隔缝
011201002	墙面装饰抹灰	4. 装饰面材料种类 5. 分隔缝宽度、材料种类			
011201003	墙面勾缝	1. 勾缝类型 2. 勾缝材料种类			1. 基层清理 2. 砂浆制作运输 3. 勾缝
011201004	立面砂浆找平层	1. 基层类型 2. 找平层砂浆厚度、配合比			1. 基层清理 2. 砂浆制作运输 3. 抹灰找平

（2）零星抹灰

表 4.3-2　零星抹灰

项目编码	项目名称	项目特征	计量单位	清单工程量计算规则	工作内容
011203001	零星项目一般抹灰	1. 基层类型、部位 2. 底层厚度、砂浆配合比 3. 面层厚度、砂浆配合比	m²	按设计图示尺寸以面积计算	1. 基层清理 2. 砂浆制作运输 3. 底层抹灰 4. 抹面层 5. 抹装饰面 6. 勾分隔缝
011203002	零星项目装饰抹灰	4. 装饰面材料种类 5. 分隔缝宽度、材料种类			
011203003	零星项目砂浆找平	1. 基层类型 2. 找平层砂浆厚度、配合比			1. 基层清理 2. 砂浆制作运输 3. 抹灰找平

（3）墙面块料面层

表 4.3-3　墙面块料面层

项目编码	项目名称	项目特征	计量单位	清单工程量计算规则	工作内容
011204001	石材墙面	1. 墙体类型 2. 安装方式 3. 面层材料品种、规格、颜色 4. 缝宽、嵌缝材料种类 5. 防护材料种类 6. 磨光酸洗、打蜡要求	m²	按镶贴表面积计算	1. 基层清理 2. 砂浆制作运输 3. 粘结层铺贴 4. 面层安装 5. 嵌缝 6. 刷防护材料 7. 磨光、酸洗、打蜡
011204003	块料墙面				
011204004	干挂石材	1. 骨架种类、规格 2. 防锈漆品种、遍数	t	按设计图示以质量计算	1. 骨架制作、运输、安装 2. 刷漆

（4）墙饰面

表 4.3-4　墙饰面

项目编码	项目名称	项目特征	计量单位	清单工程量计算规则	工作内容
011207001	墙面装饰板	1. 龙骨材料种类、规格、中距 2. 隔离层材料种类、规格 3. 基层材料种类、规格 4. 面层材料品种、规格、颜色 5. 压条材料种类、规格	m²	按设计图示墙净长乘净高以面积计算。扣除门窗洞口及单个＞0.3m²的孔洞所占面积	1. 基层清理 2. 龙骨制作运输、安装 3. 钉隔离层 4. 基层铺钉 5. 面层铺贴

2. 工程量计算规则的应用

（1）一般抹灰计算规则

1）按设计图示尺寸以面积计算。扣除墙裙、门窗洞口及单个＞0.3m² 的孔洞面积，不扣除踢脚线、挂镜线和墙与构件交接处的面积，门窗洞口和孔洞的侧壁及顶面不增加面积。附墙柱、梁、垛、烟囱侧壁并入相应的墙面面积内。

2）窗台线、门窗套、挑檐、腰线、遮阳板、压顶、扶手等展开宽度≤0.3m 按装饰线长度计算，如展开宽度＞0.3m 按图示尺寸以展开面积计算，套零星抹灰定额项目。

3）栏板、栏杆（包括立柱、扶手或压顶等）抹灰按里面垂直投影面积乘以系数 2.2 以面积计算，套零星抹灰定额项目。

4）阳台底面抹灰按水平投影面积计算，并入相应顶棚抹灰面积内。阳台如带悬臂梁者，其工程量乘以系数 1.3。

5）雨蓬底面或顶面抹灰分别按水平投影面积以面积计算，并入相应顶棚抹灰面积内。雨蓬顶面带反沿或反梁者，其工程量乘以系数 1.2，底面带悬臂梁者，其工程量乘以系数 1.2。雨蓬外边线按相应装饰或零星项目执行。

6）墙面勾缝按垂直投影面积计算，应扣除墙裙和墙面抹灰的面积，不扣除门窗洞口、门窗套、腰线等零星抹灰所占的面积，附墙垛和门窗洞口侧面的勾缝面积亦不增加。独立砖柱、房上砖烟囱勾缝按图示尺寸以面积计算。

7）装饰抹灰分格、嵌缝按装饰抹灰面积计算。

（2）装饰抹灰计算规则

1）装饰抹灰均按图示尺寸以实际面积计算，应扣除门窗洞口、空圈所占面积。

2）挑檐、天沟、腰线、栏杆、栏板、门窗套、窗台线、压顶等均按图示尺寸展开面积以平方米计算，并入相应的外墙面积内。

（3）女儿墙（包括泛水、挑砖）、阳台栏板（不扣除花格所占孔洞面积）内侧抹灰按垂直投影面积乘以系数 1.1，带压顶者乘以系数 1.3 按墙面定额执行。

（4）块料面层计算规则

1）零星项目镶贴块料面层，按镶贴表面积计算。

2）墙裙以高度≤1.5m 为准，高度＞1.5m 时按墙面计算，高度≤0.3m 按踢脚板计算。

例题 4.3-1：参照例题 3.2-1 图，内墙净高 2.8m，财务室墙面装饰做法如下表，计算墙面装饰工程量。

墙裙-1	石材墙裙（1200 高）
构造做法	1. 稀水泥浆擦缝； 2. 8～12 厚石材，专用建筑胶粉或强力胶点粘； 3. 6 厚 1：2.5 水泥砂浆压实抹平； 4. 9 厚 1：3 水泥砂浆打底扫毛或划出纹道； 5. 砌块基层
适用部位	财务室
墙面-1	乳胶漆墙面
构造做法	1. 刷乳胶漆； 2. 1：2.5 水泥砂浆 8 厚抹光； 3. 1：3 水泥砂浆 12 厚打底并划出纹道； 4. 刷素水泥浆一道； 5. 墙体
适用部位	财务室

石材墙裙工程量

$$S=[(3.55-0.1\times2)+(5.9+0.325-0.3-0.1)]\times2\times1.2-1.0\times1.2=20.82m^2$$

墙面一般抹灰

$$S=[(3.55-0.1\times2)+(5.9+0.325-0.3-0.1)]\times2\times(2.8-1.2)-1.0\times(2.1-1.2)$$
$$=28.46m^2$$

4.3.3 任务实施

以广联达 BIM 土建算量软件为例，完成装饰工程中墙面的工程量计算。

1. 墙面构件定义

如下图所示，在导航栏中 装修目录下，点击 墙面(W) 进入定义构件界面，按图纸的相关信息新建墙面构件［如 QM-1（注意区分内墙面、外墙面）］，也可根据个人的习惯标注墙面名称如面砖墙面均可。在属性编辑器内可以修改墙面的顶面及底面的起点、终点的标高，依次定义其他墙面构件。

2. 墙面构件的绘制

点击 绘图 进入墙面构件的绘图界面，可采用 点 布置的方式，布置到相应位置如下图所示，也可采用 两点 或 智能布置 等方式布置。下图所示只布置了两个房间：

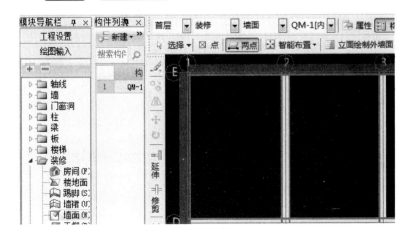

点击 [三维] 功能按钮，按住鼠标左键，拖动鼠标，可观察墙面的三维效果图如下所示：

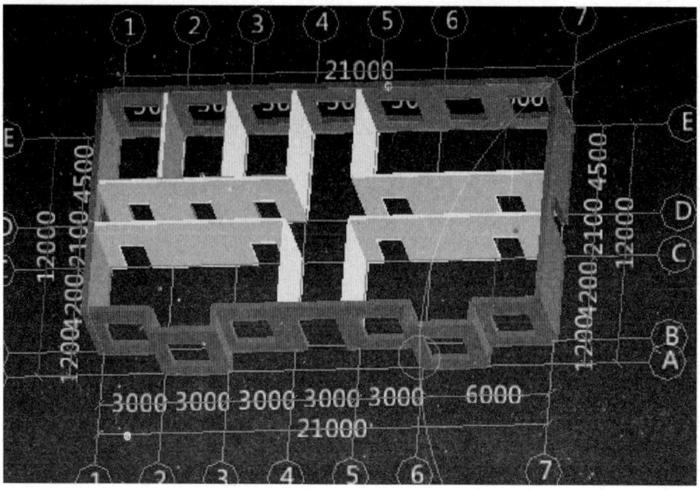

3. 工程量查看

图形绘制完毕后，点击 [Σ 汇总计算]，软件进行自动汇总计算，选择要查看的构件，点击
[查看工程量]，可查看需要的构件墙面抹灰面积、墙面块料面积等相关信息，图表略。

4.3.4 任务总结

本次任务介绍了墙面抹灰、零星抹灰、墙面块料面层、墙饰面、幕墙工程和隔断等墙面工程中常见项目的工程量计算方法。要求了解工程量清单各项目名称设置内容，理解计算规则，掌握墙面工程量的计算方法；熟练操作软件流程并能够运用软件计算项目工程量。

4.3.5 知识拓展

墙面工程中除了上述项目外，还有幕墙和隔断项目，其清单项目设置、项目特征描述内容、计量单位及清单工程量计算规则，如表 4.3-5～表 4.3-6 所示。

1. 幕墙

表 4.3-5　幕墙

项目编码	项目名称	项目特征	计量单位	清单工程量计算规则	工作内容
011209001	带骨架幕墙	1. 骨架材料种类、规格、中距 2. 面层材料品种、规格、颜色 3. 面层固定方式 4. 隔离带、框边封闭材料品种、规格 5. 嵌缝、塞口材料种类	m²	按设计图示尺寸以面积计算。带肋全玻幕墙按展开面积计算	1. 骨架制作、运输、安装 2. 面层安装 3. 隔离带、框边封闭 4. 嵌缝、塞口 5. 清洗

续表

项目编码	项目名称	项目特征	计量单位	清单工程量计算规则	工作内容
011209002	全玻（无框玻璃）幕墙	1. 玻璃品种、规格、颜色 2. 粘结塞口材料种类 3. 固定方式	m^2	按设计图示以面积计算	1. 幕墙安装 2. 嵌缝塞口 3. 清洗

2. 隔断

表 4.3-6　隔断

项目编码	项目名称	项目特征	计量单位	清单工程量计算规则	工作内容
011210001	木隔断	1. 骨架、边框材料种类、规格 2. 隔板材料品种、规格、颜色 3. 嵌缝、塞口材料品种 4. 压条材料种类	m^2	按设计图示框外尺寸以面积计算。不扣除≤0.3m^2的孔洞所占面积。浴厕门的材质与隔断相同时，门的面积并入隔断面积内	1. 骨架及边框制作、运输、安装 2. 隔板制作、运输、安装 3. 嵌缝、塞口 4. 装订压条
011210002	金属隔断	1. 骨架、边框材料种类、规格 2. 隔板材料品种、规格、颜色 3. 嵌缝、塞口材料品种	m^2	按设计图示框外尺寸以面积计算。不扣除≤0.3m^2的孔洞所占面积。浴厕门的材质与隔断相同时，门的面积并入隔断面积内	1. 骨架及边框制作、运输、安装 2. 隔板制作、运输、安装 3. 嵌缝、塞口
011210003	玻璃隔断	1. 边框材料种类、规格 2. 玻璃品种、规格、颜色 3. 嵌缝、塞口材料品种	m^2	按设计图示框外尺寸以面积计算。不扣除单个≤0.3m^2的孔洞所占面积。	1. 边框制作、运输、安装 2. 玻璃制作、运输、安装 3. 嵌缝、塞口
011210005	成品隔断	1. 隔断材料品种、规格、颜色 2. 配件品种、规格	1. m^2 2. 间	1. 以平方米计量，按设计图示框外围尺寸以面积计算 2. 以间计量。按设计间的数量计算	1. 隔断运输、安装 2. 嵌缝、塞口

4.3.6　思考与练习

1. 墙、柱面工程工程量清单项目都包括哪些内容？
2. 熟悉软件中的操作命令，熟练各种墙、柱面的绘制方法。
3. 计算《1♯实验楼》中一层的墙、柱面工程工程量。
4. 利用软件完成《1♯实验楼》中墙、柱面工程工程量的计算。

任务 4.4　天棚工程量计算

> **知识目标：**
> 1. 了解天棚工程中各分项工程量清单项目名称、项目特征描述等内容；
> 2. 理解天棚工程工程量计算规则；
> 3. 掌握天棚工程工程量计算方法。
>
> **能力目标：**
> 1. 能够计算天棚工程中各分项工程工程量；
> 2. 能够运用软件计算天棚工程中各分项工程工程量。

4.4.1　任务分析

天棚工程中各分项工程工程量的计算是构成装饰工程造价的主要工作内容之一，也是造价人员在造价管理工作中应具备的最基本能力。本次任务包括：1. 明确天棚工程中项目名称设置依据；2. 领会《规范》、《定额》中的关于天棚抹灰、天棚吊顶和采光天棚等项目的相关规定及工程量计算规则；3. 通过算量软件完成天棚抹灰、天棚吊顶和采光天棚等项目工程量计量工作。

4.4.2　相关知识

1. 工程量清单项目设置

依据《规范》中的规定，常见的天棚工程量清单项目包括天棚抹灰、天棚吊顶和采光天棚。清单项目设置、项目特征描述内容、计量单位及清单工程量计算规则，如表 4.4-1～表 4.4-3 所示。

（1）天棚抹灰

表 4.4-1　天棚抹灰

项目编码	项目名称	项目特征	计量单位	清单工程量计算规则	工作内容
011301001	天棚抹灰	1. 基层类型 2. 抹灰厚度、材料种类 3. 砂浆配合比	m²	按设计图示尺寸以水平投影面积计算。不扣除间壁墙、垛、柱、附墙烟囱、检查口和管道所占的面积，带梁天棚的梁两侧抹灰面积并入天棚面积内，板式楼梯底面抹灰按斜面积计算	1. 基层清理 2. 底层抹灰 3. 抹面层

（2）天棚吊顶

表 4.4-2　天棚吊顶

项目编码	项目名称	项目特征	计量单位	工程量计算规则	工作内容
011302001	吊顶天棚	1. 吊顶形式、吊杆规格、高度 2. 龙骨材料种类、规格、中距 3. 基层材料种类、规格 4. 面层材料种类、规格 5. 压条材料种类、规格 6. 嵌缝材料种类 7. 防护材料种类	m^2	按设计图示尺寸以水平投影面积计算。天棚面中的灯槽及跌级、锯齿形、吊挂式、藻井式天棚面积不展开计算。不扣除间壁墙、检查口、附墙烟囱、柱垛和管道所占的面积，扣除单个＞$0.3m^2$ 的孔洞、独立柱及与天棚相连的窗帘盒所占面积	1. 基层清理、吊杆安装 2. 龙骨安装 3. 基层板铺贴 4. 面层铺贴 5. 嵌缝 6. 刷防护材料
011302002	隔栅吊顶	1. 龙骨材料种类、规格、中距 2. 基层材料种类、规格 3. 面层材料种类、规格 4. 防护材料种类	m^2	按设计图示尺寸以水平投影面积计算。	1. 基层清理、吊杆安装 2. 安装龙骨 3. 基层板铺贴 4. 面层铺贴 5. 刷防护材料

（3）采光天棚

表 4.4-3　采光天棚

项目编码	项目名称	项目特征	计量单位	工程量计算规则	工作内容
011303001	采光天棚	1. 骨架类型 2. 固定类型、固定材料品种、规格 3. 面层材料品种、规格 4. 嵌缝、塞口材料种类	m^2	按设计图示尺寸以水平投影面积计算。不扣除间壁墙、垛、柱、附墙烟囱、检查口和管道所占的面积，带梁天棚的梁两侧抹灰面积并入天棚面积内，板式楼梯底面抹灰按斜面积计算	1. 基层清理 2. 底层抹灰 3. 抹面层

2. 工程量计算规则应用

（1）顶层抹灰面积，按设计图示尺寸以水平投影面积计算。不扣除间壁墙、垛、柱、附墙烟囱、检查口和管道所占的面积，带梁天棚的梁两侧抹灰面积并入天棚面积内，板式楼梯底面抹灰按斜面积计算，锯齿形楼梯底板抹灰按展开面积计算。

（2）檐口顶棚的抹灰面积，并入相同的天棚抹灰工程量内计算。

（3）天棚吊顶按设计图示尺寸以水平投影面积计算。天棚面中的灯槽及跌级天棚面积不展开计算。不扣除间壁墙、检查口、附墙烟囱和管道所占的面积，扣除单个＞$0.3m^2$ 的孔洞、独立柱及与天棚相连的窗帘盒所占面积。

（4）灯光槽按设计图示尺寸以框外围面积计算。

（5）保温层按实铺面积计算。

（6）网架按水平投影面积计算。

（7）嵌缝按长度计算。

例题 4.4-1：参照例题 3.2-1 图，财务室天棚做法如下表所示，计算天棚抹灰工程量。

天棚-1	乳胶漆天棚
构造做法	1. 刷乳胶漆； 2. 5 厚 1∶0.3∶2.5 水泥石灰砂浆罩面； 3. 5 厚 1∶0.3∶2.5 水泥石灰砂浆打底扫毛； 4. 刷素水泥浆一道（内掺建筑胶）； 5. 钢筋混凝土板底
适用部位	财务室

天棚抹灰工程量

$S=（3.55-0.1\times2）\times（5.9+0.325-0.3-0.1）=19.51\text{m}^2$

4.4.3 任务实施

以广联达 BIM 土建算量软件为例，完成装饰工程中天棚的工程量计算。

1. 天棚构件定义

如下图所示，在导航栏中 📁装修目录下，点击 天棚(P) 进入定义构件界面，按图纸的相关信息新建天棚构件如 TP-1，也可根据个人的习惯标注天棚名称（如刮胶天棚）。属性编辑器中的内容一般可按默认，依次定义其他天棚构件。

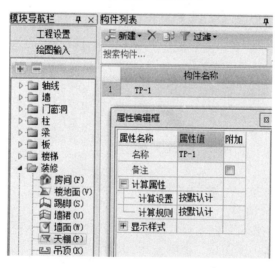

2. 天棚构件的绘制

点击 绘图 进入天棚构件的绘图界面，可采用 点 布置的方式，布置到相应位置，如下图所示，也可采用 直线、矩形 或 智能布置 等方式布置。如下只布置了两个房间：

点击 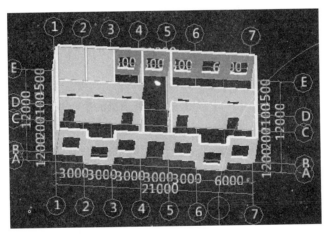 三维 功能按钮，按住鼠标左键，拖动鼠标，可观察天棚的三维效果图，如下图所示：

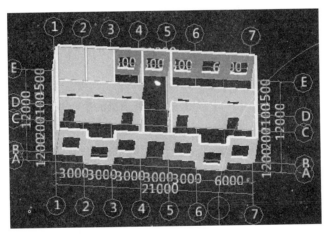

3. 工程量查看

图形绘制完毕后，点击 Σ 汇总计算 ，软件进行自动汇总计算，选择要查看的构件，点击 ω 查看工程量 ，可查看需要的构件天棚抹灰面积、天棚投影面积、天棚周长等相关信息，如下所示：

	分类条件			工程量名称				
	楼层	名称	所属房	天棚抹灰面积	天棚装饰面	梁抹灰面积	天棚周长(m)	天棚投影面积
1	首层	TP-1	[无]	24.7342	24.7648	0	28.3	24.7648
2			小计	24.7342	24.7648	0	28.3	24.7648
3		小计		24.7342	24.7648	0	28.3	24.7648
4	总计			24.7342	24.7648	0	28.3	24.7648

4.4.4 任务总结

本次任务介绍了天棚抹灰、天棚吊顶和采光天棚等天棚工程中常见项目的工程量计算方法。要求了解工程量清单各项目名称设置内容，理解计算规则，掌握天棚工程量的计算方法；熟练操作软件流程并能够运用软件计算项目工程量。

4.4.5 知识拓展

1. 平面天棚和跌级天棚

天棚面层在同一标高者为平面天棚，天棚面层不在同一标高者为跌级天棚。

2. 天棚装饰线

天棚装饰线如图 4.4-1 所示：有一道线（图 a）、二道线（图 b）、三道线（图 c）、四道线（图 d）等等，线角道数以一个突出的棱角为一道线。

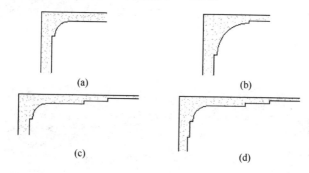

图 4.4-1　天棚装饰线条示意图

4.4.6 思考与练习

1. 天棚工程量清单项目名称有哪些？工程量计算原则是什么？
2. 计算《1♯实验楼》一层各房间天棚工程量。
3. 熟练软件中天棚构件的操作命令并计算《1♯实验楼》中天棚的工程量。

项目5　屋面及防水工程工程量计算

项目描述：小周在某工程造价事务所从事土建专业造价咨询工作，刚刚接受了一项新的工作任务：为某施工企业做屋面及防水工程的分包结算工作，小周目前面临的首要工作是根据竣工图纸、投标清单及施工合同等资料计算屋面及防水工程工程量。

任务5.1　屋面工程工程量计算

> **知识目标：**
> 1. 了解屋面工程相关工程量清单项目名称、项目特征描述等内容；
> 2. 理解屋面工程相关工程量计算规则；
> 3. 掌握屋面工程工程量计算方法。
>
> **能力目标：**
> 1. 能够计算屋面工程各项目工程量；
> 2. 能够运用软件计算屋面工程各项目工程量。

5.1.1　任务分析

屋面工程中相关分项工程工程量的计算是完成主体工程造价的基本工作之一，也是造价人员在造价管理工作中应具备的最基本能力。本次任务包括：1. 明确屋面工程相关项目名称设置依据；2. 领会《规范》、《定额》中的关于屋面及屋面防水等项目的相关规定及工程量计算规则；3. 通过算量软件完成屋面工程的计量工作。

5.1.2　相关知识

1. 工程量清单项目设置

依据《规范》中的规定，常见的屋面工程工程量清单项目包括屋面如瓦屋面、型材屋面及阳光板屋面，以及屋面防水如屋面卷材防水、屋面刚性层、屋面排水管、屋面天沟、挑檐和屋面变形缝等。清单项目设置、项目特征描述内容、计量单位及清单工程量计算规则，如表5.1-1所示。

表 5.1-1　瓦、型材及其他屋面

项目编码	项目名称	项目特征	计量单位	清单工程量计算规则	工作内容
010901001	瓦屋面	1. 瓦品种、规格 2. 粘结层砂浆的配合比	m²	按设计图示尺寸以斜面积计算 不扣除房上烟囱、风帽底座、风道、小气窗、斜沟等所占面积。小气窗的出檐部分不增加面积	1. 砂浆制作、运输、摊铺、养护 2. 安瓦、作瓦脊
010901002	型材屋面	1. 型材品种、规格 2. 金属檩条材料品种、规格 3. 接缝、嵌缝材料种类			1. 檩条制作、运输、安装 2. 屋面型材安装 3. 接缝、嵌缝

项目编码	项目名称	项目特征	计量单位	清单工程量计算规则	工作内容
010901003	阳光板屋面	1. 阳光板品种、规格 2. 骨架材料品种、规格 3. 接缝、嵌缝材料种类 4. 油漆品种、刷漆遍数	m²	按设计图示尺寸以斜面积计算 不扣除屋面面积≤0.3m²所占面积	1. 骨架制作、运输、安装、刷防护材料、油漆 2. 阳光板安装 3. 接缝、嵌缝
010902001	屋面卷材防水	1. 卷材品种、规格、厚度 2. 防水层数种类 3. 防水层做法	m²	按设计图示尺寸以斜面积计算 1. 斜屋顶按斜面积计算，平屋顶按水平投影面积计算 2. 不扣除房上烟囱、风帽底座、风道、小气窗、斜沟等所占面积 3. 屋面的女儿墙、伸缩缝和天窗等处的弯起部分并入屋面工程量	1. 基层处理 2. 刷底油 3. 铺油毡卷材、接缝
010902003	屋面刚性层	1. 刚性层厚度 2. 混凝土种类 3. 混凝土强度等级 4. 嵌缝材料种类 5. 钢筋规格、型号	m²	按设计图示尺寸以斜面积计算。不扣除房上烟囱、风帽底座、风道等所占面积	1. 基层处理 2. 混凝土制作、运输、铺筑、养护 3. 钢筋制安
010902004	屋面排水管	1. 排水管品种、规格 2. 雨水斗、山墙出水口品种、规格 3. 接缝、嵌缝材料种类 4. 油漆品种、刷漆遍数	m	按设计图示尺寸以长度计算，如设计未标注尺寸，以檐口至设计室外散水上表面垂直距离计算	1. 排水管及配件安装、固定 2. 雨水斗、山墙出水口、雨水篦子安装 3. 接缝、嵌缝 4. 刷漆
010902007	屋面天沟、檐沟	1. 材料品种、规格 2. 接缝、嵌缝材料种类	m²	按设计图示尺寸以展开面积计算。	1. 天沟材料铺设 2. 天沟配件安装 3. 接缝、嵌缝 4. 刷防护材料
010902008	屋面变形缝	1. 嵌缝材料种类 2. 止水带材料种类 3. 盖缝材料 4. 防护材料种类	m	按设计图示以长度计算	1. 嵌缝 2. 填塞防水材料 3. 止水带安装 4. 盖缝制作安装 5. 刷防护材料

2. 工程量计算规则的应用

（1）轻质隔热彩钢夹芯板屋面安装按图示尺寸计算，减屋面采光带、天窗面积以面积计算；

（2）瓦屋面、金属压型板（包括挑檐部分）均按屋面水平投影面积乘以屋面坡度系数，以面积计算。不扣除房上烟囱、风帽底座、风道、屋面小气窗、斜沟等所占面积，屋面小气窗出檐部分亦不增加。

（3）卷材屋面按图示尺寸的水平投影面积乘以规定的坡度系数计算，但不扣除房上烟囱、风帽底座、风道、屋面小气窗和斜沟所占面积。屋面的女儿墙、伸缩缝和天窗等处的弯起部分，按图示尺寸并入屋面工程量。图纸无规定时，伸缩缝、女儿墙的弯起部分可按 0.25m 计算，天窗弯起部分按 0.5m 计算。

（4）卷材屋面的附加层、接缝、收头、找平层的嵌缝、冷底子油已计入定额内，不另计算。

（5）铁皮排水按图示尺寸以展开面积计算。

（6）铸铁、塑料水落管区别不同直径，按图示尺寸以长度计算。雨水口、水斗、弯头以个计算。

（7）PVC 玻璃钢水落管区别不同直径，按图示尺寸以长度计算。如设计未标注尺寸，以檐口至设计室外散水上表面垂直距离计算，管件所占位置不扣除。管件以个计算。

例：5.1-1：某建筑屋面平面图如图 5.1-1 所示：屋面做法见附表，屋面檐口标高 19.8m，室外地坪－0.3m。试计算屋面工程量。

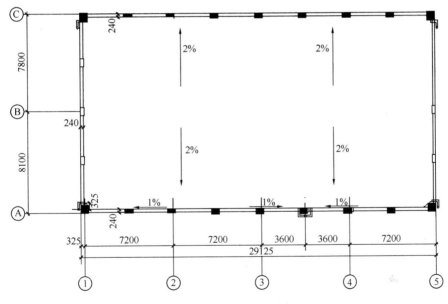

图 5.1-1　例题 5.1-1 图

说明如下：

屋面-1	构造做法
平屋面	50 厚 C20 细石混凝土保护层，3000mm×3000mm 设分隔缝，缝内嵌密封胶； 4mm 厚 SBS 防水层，四周上翻高度 350mm； 20 厚 1∶3 水泥砂浆找平层； 1∶8 水泥珍珠岩找坡，最薄处 30 厚；

续表

屋面-1	构造做法
平屋面	140 厚 EPS 保温层； 2mm 厚 SBS 隔气层； 1：2.5 水泥砂浆找平层 20 厚； 钢筋混凝土屋面板

刚性屋面（细石混凝土屋面）：

$S = (29.125 - 0.24) \times (8.1 + 7.8 - 0.24) = 452.34\text{m}^2$

SBS 防水层：

平面：$S_1 = 452.34\text{m}^2$

上卷部分：$S_2 = [(29.125 - 0.24) + (8.1 + 7.8 - 0.24)] \times 2 \times 0.35 = 31.18\text{m}^2$

合计：$S = 452.34 + 31.18 = 483.52\text{m}^2$

1：3 水泥砂浆找平层：$S_3 = 452.34\text{m}^2$

屋面排水管：

$L = (19.8 + 0.3) \times 5 = 100.5\text{m}$

雨水口：5 个

水斗：5 个

弯头：5 个

5.1.3 任务实施

以广联达 BIM 土建算量软件为例，完成 1♯实验楼屋面工程工程量计算。

1. 屋面构件定义

如下图所示，在导航栏的 📁 其他 目录下双击 🏠屋面(W) 构件，新建构件 WM-1，在属性编辑器内填入屋面的相关信息，主要是屋面标高，如下图所示：

2. 屋面的绘制

点击 绘图 进入屋面构件的绘图界面，可采用 点 、 矩形 或 智能布置 等布置的方式，将屋面布置到轴网的相应位置，如下图所示：

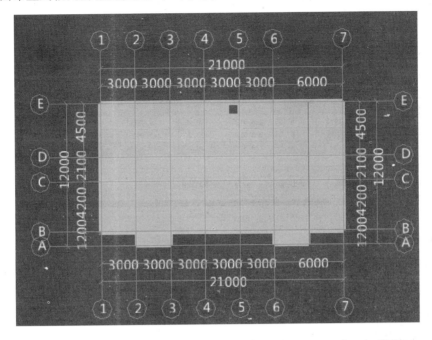

如果屋面有卷边，可以通过软件设置，选择屋面构件，点击 定义屋面卷边 在下拉菜单中选择"设置所有边"或者"设置多边"，出现对话框如下，输入屋面卷边高度 500，如下图所示：

点击 三维 功能按钮，按住鼠标左键，拖动鼠标，可观察屋面的三维效果图，如下所示。

3. 工程量查看

图形绘制完毕后，点击 Σ 汇总计算 ，软件进行自动汇总计算，选择要查看的构件，点击

，可查看屋面构件周长、面积、卷边面积、防水面积、卷边长度等相关信息，如下所示：

5.1.4 任务小结

本次任务介绍了屋面工程中常见项目的工程量计算方法。要求了解工程量清单各项目名称设置内容，理解计算规则，掌握一般情况下屋面工程量的计算方法；熟练操作软件流程并能够运用软件计算屋面项目工程量。

5.1.5 知识拓展（表5.1-1、图5.1-2）

表5.1-1 屋面坡度系数表

坡度高 B(A=1)	高跨比 B/2A	坡度角度 (a)	延尺系数 C (A=1)	偶延尺系数 D (A=1)
1.0	1/2	45°	1.4142	1.7321
0.75	—	36°52′	1.25	1.6008
0.7	—	35°	1.2207	1.5779
0.666	1/3	33°40′	1.2105	1.5620
0.65	—	33°01′	1.1926	1.5564
0.60	—	30°58′	1.1662	1.5362
0.577	—	30°	1.1547	1.5270
0.55	—	28°49′	1.1413	1.5170
0.50	1/4	26°34′	1.118	1.5000
0.45	—	24°14′	1.0966	1.4839
0.40	1/5	21°48′	1.077	1.4697
0.35	—	19°17′	1.0595	1.4569
0.30	—	16°42′	1.044	1.4457
0.25	1/8	14°02′	1.0308	1.4362
0.20	1/10	11°19′	1.0198	1.4283
0.15	—	8°32′	1.0112	1.4221

坡度高 $B(A=1)$	高跨比 $B/2A$	坡度角度 (a)	延尺系数 C $(A=1)$	偶延尺系数 D $(A=1)$
0.125	—	$7°8'$	1.0078	1.4191
0.10	1/20	$5°42'$	1.0050	1.4177
0.083	1/24	$4°45'$	1.0035	1.4166
0.066	1/30	$3°49'$	1.0022	1.4157

注：1. B 为坡度的高，A 为跨度的 1/2；

　　2. 两坡排水屋面面积为水平投影面积乘以延尺系数 C；

　　3. 四坡排水屋面斜脊长度 $=A \times D$ 偶延尺系数（马尾架）；

　　4. 沿山墙的泛水长度 $=A \times C$

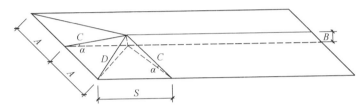

图 5.1-2　屋面排水坡度系数示意图

5.1.6　思考和练习

1. 屋面项目的清单项目名称有哪些？工程量计算规则是什么？

2. 熟练软件中屋面构件的操作命令，计算《1#实验楼》屋面工程量。

任务 5.2　墙面及楼（地）面防水工程工程量计算

知识目标：

1. 了解墙面及楼（地）面防水工程工程量清单项目名称、项目特征描述等内容；

2. 理解墙面及楼（地）面防水工程工程量计算规则；

3. 掌握墙面及楼（地）面防水工程工程量计算方法。

能力目标：

1. 能够计算墙面及楼（地）面防水工程工程量；

2. 能够运用软件计算墙面及楼（地）面工程量。

5.2.1　任务分析

墙面及楼（地）面防水工程中相关项目工程量的计算在实际工作中应用十分广泛，是造价人员在造价管理工作中应具备的最基本能力。本次任务包括：1. 明确墙面防水防潮项目、楼（地）面防水防潮项目名称设置依据；2. 领会《规范》、《定额》中的关于墙面卷材防水、墙面砂浆防水（防潮）墙面变形缝、楼（地）面卷材防水、楼（地）面砂浆防水（防潮）、楼地面变形缝等项目的工程量计算规则；3. 通过算量软件完成各工程项目的计量工作。

5.2.2 相关知识

1. 工程量清单项目设置

依据《规范》中的规定，常见的墙面及楼（地）面防水工程工程量清单项目包括墙面卷材防水、墙面砂浆防水（防潮）、墙面变形缝、楼（地）面卷材防水、楼（地）面砂浆防水（防潮）、楼地面变形缝等。清单项目设置、项目特征描述内容、计量单位及清单工程量计算规则，如表 5.2-1 所示：

表 5.2-1　墙面防水、防潮

项目编码	项目名称	项目特征	计量单位	工程量计算规则	工作内容
010903001	墙面卷材防水	1. 卷材品种、规格、厚度 2. 防水层数、种类 3. 防水层做法	m²	按设计图示尺寸以面积计算	1. 基层处理 2. 刷粘结剂 3. 铺防水卷材 4. 接缝、嵌缝
010903003	墙面砂浆防水（防潮）	1. 防水层做法 2. 砂浆层厚度、配合比 3. 钢丝网规格			1. 基层处理 2. 挂钢丝网片 3. 设置分隔缝 4. 砂浆制作、运输、摊铺、养护
010903004	墙面变形缝	1. 嵌缝材料种类 2. 止水带材料种类 3. 盖缝材料 4. 防护材料种类	m	按设计图示以长度计算	1. 嵌缝 2. 填塞防水材料 3. 止水带安装 4. 刷防护材料
010904001	楼（地）面卷材防水	1. 卷材品种、规格、厚度 2. 防水层数 3. 防水层做法 4. 返边高度	m²	按设计图示以面积计算 1. 楼（地）面防水：按主墙间净空面积计算，扣除突出地面的构筑物、设备基础等所占面积，不扣除间壁墙及单个面积≤0.3 m²柱、垛、烟囱和孔洞所占面积 2. 楼（地）面防水返边高度≤300mm算作地面防水，返边高度＞300mm按墙面防水计算	1. 基层处理 2. 刷粘结剂 3. 铺防水卷材 4. 接缝、嵌缝
010904003	楼（地）面砂浆防水（防潮）	1. 防水层做法 2. 砂浆层厚度、配合比 3. 返边高度			1. 基层处理 2. 砂浆制作、运输、摊铺、养护
010904004	楼（地）面变形缝	1. 嵌缝材料种类 2. 止水带材料种类 3. 盖缝材料 4. 防护材料种类	m	按设计图示以长度计算	1. 清缝 2. 填塞防水材料 3. 止水带安装 4. 盖缝制作、安装 5. 刷防护材料

2. 工程量计算规则的应用

（1）建筑物地面防水、防潮层，按主墙间净面积计算，扣除突出地面的构筑物、设备基础等所占的面积，不扣除柱、垛、间壁墙、烟囱及 ≤0.3m² 孔洞所占面积。与墙面连接处高度在 0.5m 以内者按展开面积计算，并入平面工程量内，＞0.5m 按立面防水层计算。（见吉林省定额（2014））

（2）建筑物墙基防水、防潮层，外墙长度按中心线，内墙按净长线乘以宽度以面积计算。

（3）屋面刚性防水按设计图示尺寸以面积计算，不扣除房上烟囱、风帽底座及 ≤0.3m² 孔洞所占面积。

（4）构筑物及建筑物地下室防水层，按实铺面积计算，但不扣除 ≤0.3m² 孔洞所占面积。平面与立面交接处的防水层，其上卷高度＞0.5m 按立面防水层计算。

（5）防水卷材的附加层、接缝、收头、冷底子油等工料均已计入定额，不另计算。

（6）变形缝按设计图示以延长米计算。

例题 5.2-1，某建筑物局部平面如图 5.2-1 所示，试计算卫生间防水工程量，工程做法见表 5.2-2。

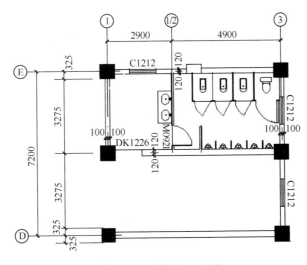

图 5.2-1　例题 5.2-1 图

表 5.2-2　工程做法

名　　称	工程做法
地-2：铺地砖防水地面	1. 5～10 厚防滑地砖，稀水泥浆擦缝； 2. 25 厚 1：3 水泥砂浆粘结层； 3. 高分子卷材防水，上翻 400； 4. 素水泥浆一道（内掺建筑胶）； 5. 最薄处 35 厚 C15 细石混凝土，从门口处向地漏找 1% 坡，随打随抹平； 6. 素土夯实，压实系数 0.9

平面：$S_1 = (2.9 + 4.9 - 0.1 \times 2) \times (3.275 + 0.325 - 0.12 \times 2) = 25.54\text{m}^2$

上翻部分：$S_2 = [(2.9 + 4.9 - 0.1 \times 2) + (3.275 + 0.325 - 0.12 \times 2)] \times 2 \times 0.4 = 8.77\text{m}^2$

扣洞口：$1.2 \times 0.4 = 0.48m^2$

卷材防水工程量（平面）：$S_3 = 25.54m^2$

卷材防水工程量（墙面）：$S_4 = 8.77 - 0.48 = 8.29m^2$

5.2.3 任务实施

软件实施方法参考墙面装饰工程及地面装饰工程。

5.2.4 任务小结

本次任务介绍了墙面及楼（地）面防水工程常见项目工程量计算方法。要求了解工程量清单中各项目名称设置内容，理解计算规则，掌握一般情况下墙面及楼（地）面防水工程工程量的计算方法；熟练操作软件流程并能够运用软件计算项目工程量。

5.2.5 思考和练习

1. 墙面及楼地面防水项目的清单项目名称有哪些？工程量计算规则是什么？

2. 熟练软件中防水构件的操作命令，计算《1#实验楼》卫生间防水的工程量。

任务5.3 保温、隔热工程工程量计算

> **知识目标：**
> 1. 了解保温、隔热工程工程量清单项目名称、项目特征描述等内容；
> 2. 理解保温、隔热工程工程量计算规则；
> 3. 掌握保温、隔热工程工程量计算方法。
> **能力目标：**
> 1. 能够计算保温、隔热工程工程量；
> 2. 能够运用软件计算保温、隔热工程工程量。

5.3.1 任务分析

保温、隔热工程的相关项目工程量计算在实际工作中应用十分广泛，是造价人员在造价管理工作中应具备的最基本能力。本次任务包括：1. 明确保温、隔热工程项目名称设置依据；2. 领会《规范》、《定额》中的关于保温隔热屋面、保温隔热天棚、保温隔热墙面、保温隔热楼地面等项目的工程量计算规则；3. 通过算量软件完成各工程项目的计量工作。

5.3.2 相关知识

1. 工程量清单项目设置

依据《规范》中的规定，常见的保温、隔热工程工程量清单项目包括保温隔热屋面、保温隔热天棚、保温隔热墙面、保温隔热楼地面等。清单项目设置、项目特征描述内容、计量单位及清单工程量计算规则，如表5.3-1所示：

表 5.3-1　保温、隔热、防腐工程

项目编码	项目名称	项目特征	计量单位	清单工程量计算规则	工作内容
011001001	保温隔热屋面	1. 保温隔热材料品种、规格、厚度 2. 隔汽层材料品种、厚度 3. 粘结层材料种类、做法 4. 防护材料种类、做法		按设计图示尺寸以面积计算。扣除面积＞0.3m² 孔洞及占位面积	1. 基层清理 2. 刷粘结材料 3. 铺保温层 4. 铺、刷（喷）防护材料
011001002	保温隔热天棚	1. 保温隔热面层材料品种、规格、性能 2. 保温隔热材料品种、规格及厚度 3. 粘结材料种类、做法 4. 防护材料种类及做法		按设计图示尺寸以面积计算。扣除面积＞0.3m² 以上柱、垛、孔洞所占面积，与天棚相连的梁按展开面积计算并入天棚工程量内	
011001003	保温隔热墙面	1. 保温隔热部位 2. 保温隔热方式 3. 踢脚线、勒脚线保温做法 4. 龙骨材料品种、规格 5. 保温隔热面层材料品种、规格、性能 6. 保温隔热材料品种、规格及厚度 7. 增强网及抗裂防水砂浆种类 8. 粘结材料种类及做法 9. 防护材料种类及做法	m²	按设计图示尺寸以面积计算。扣除面积＞0.3m² 以上柱、垛、孔洞所占面积，与天棚相连的梁按展开面积计算并入天棚工程量内	1. 基层清理 2. 刷界面剂 3. 安装龙骨 4. 粘贴保温材料 5. 保温板安装 6. 粘结面层 7. 铺设增强格网、抹抗裂、防水砂浆面层 8. 嵌缝 9. 铺、刷（喷）防护材料
011001004	保温柱、梁			按设计图示尺寸以面积计算 1. 柱按设计图示柱断面保温层中心线展开长度乘保温层高度以面积计算，扣除面积＞0.3m² 梁所占面积 2. 梁按设计图示梁断面保温层中心线展开长度乘保温层以面积计算	
011001005	保温隔热楼地面	1. 保温隔热部位 2. 保温隔热材料品种、规格、厚度 3. 隔汽层材料品种、厚度 4. 粘结层材料种类、做法 5. 防护材料种类、做法		按设计图示尺寸以面积计算。扣除面积＞0.3m² 以上柱、垛、孔洞所占面积，门洞、空圈、暖气包槽、壁龛的开口部分不增加面积	1. 基层处理 2. 刷粘结材料 3. 铺粘保温层 4. 铺、刷（喷）防护材料

2. 工程量计算规则的应用

（1）屋面、天棚保温隔热层应区别不同保温隔热材料，除另有规定者外，均按设计实铺厚度以体积计算。

（2）屋面、天棚保温隔热层的厚度按隔热材料（不包括胶结材料）净厚度计算。

（3）地面隔热层按围护结构墙体间净面积乘以设计厚度以体积计算，不扣除柱、垛所占体积。

（4）墙体保温隔热层，外墙按隔热层中心线，内墙按隔热层净长线乘以图示尺寸的高度及厚度以体积计算。扣除门窗洞口和管道穿墙洞口所占面积；门窗洞口侧壁及突出墙垛等部位需要做保温时，并入保温墙体工程量内。

（5）柱保温层按图示柱的保温层中心线展开长度乘以图示尺寸高度及厚度以体积计算。

（6）外保温节能墙体找平层、保温层、网格布保护层及挤塑板造型线条按所粘贴墙面的展开面积计算。

例题 5.3-1：参照例 5.1-1 例题图，计算屋面保温层工程量。

水泥珍珠岩找坡层：

厚度 $h = (7.8 + 8.1) \times 0.5 \times 2\% \times 0.5 + 0.03 = 0.11\text{m}$

体积 $V = 452.34 \times 0.11 = 49.76\text{m}^3$

EPS 保温层：$V = 452.34 \times 0.14 = 63.33\text{m}^3$

SBS 隔气层：$S_1 = 452.34\text{m}^2$

水泥砂浆找平层：$S_2 = 452.34\text{m}^2$

5.3.3 任务实施

以广联达算量软件为例，完成保温隔热墙的工程量计算。

1. 保温隔热层构件定义

在导航栏的 📁 其他 目录下，双击 ⫴ 保温层 (H)，新建保温层构件 BWC-1，在属性编辑器中输入保温层的厚度 100，空气层厚度 20，如下图所示：

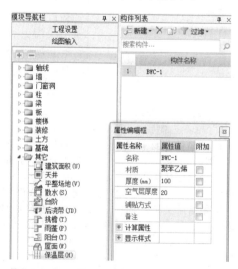

2. 保温层构件绘制

点击 <kbd>绘图</kbd> 进入保温层构件的绘图界面，可采用 <kbd>智能布置▾</kbd> 布置的方式，将定义好的 BWC-1 布置到外墙外侧，三维效果如下图所示：

3. 工程量查看

图形绘制完毕后，点击 <kbd>Σ 汇总计算</kbd>，软件进行自动汇总计算，选择要查看的构件，点击 <kbd>查看工程量</kbd>，可查看保温层的面积、体积等相关信息，如下图所示：

	分类条件			工程量名称						
	按层	材质	厚度	名称	面积(m2)	体积(m3)	柱保温	柱保温层	梁保温层	梁保温	门窗洞口
1	首层	聚苯乙烯泡沫板	100	BWC-1	10.7967	0.8637	1.786	0.1429	1.6259	0.1301	1.56
2				小计	10.7967	0.8637	1.786	0.1429	1.6259	0.1301	1.56
3			小计		10.7967	0.8637	1.786	0.1429	1.6259	0.1301	1.56
4			小计		10.7967	0.8637	1.786	0.1429	1.6259	0.1301	1.56
5			总计		10.7967	0.8637	1.786	0.1429	1.6259	0.1301	1.56

保温隔热屋面、保温隔热地面、保温隔热天棚的软件实施方法可以参照屋面算量、地面算量、天棚算量软件操作方法，也可以直接引用软件结果。

5.3.4　任务小结

本次任务介绍了保温隔热层项目工程量计算方法。要求了解工程量清单中各保温隔热屋面、保温隔热天棚、保温隔热墙面、保温隔热楼地面等项目名称设置内容，理解计算规则，掌握一般情况下保温隔热工程工程量的计算方法；熟练操作软件流程并能够运用软件计算项目工程量。

5.3.5　思考和练习

1. 保温隔热屋面、地面及天棚项目的清单项目名称有哪些？工程量计算规则是什么？
2. 计算《1♯实验楼》保温隔热屋面的工程量。

任务 5.4 油漆、涂料、裱糊工程量计算

知识目标：
1. 了解油漆、涂料、裱糊工程中各分项工程量清单项目名称、项目特征描述等内容；
2. 理解油漆、涂料、裱糊工程工程量计算规则；
3. 掌握油漆、涂料、裱糊工程工程量计算方法。

能力目标：
1. 能够计算油漆、涂料、裱糊工程工程量；
2. 能够运用软件计算油漆、涂料、裱糊工程工程量。

5.4.1 任务分析

油漆、涂料、裱糊工程中各分项工程工程量的计算是是构成装饰工程造价的主要工作内容之一，也是造价人员在造价管理工作中应具备的最基本能力。本次任务包括：1. 明确油漆、涂料、裱糊工程中项目名称设置依据；2. 领会《规范》、《定额》中的关于金属面油漆、抹灰面油漆、喷刷涂料和裱糊等项目的相关规定及工程量计算规则；3. 通过算量软件完成金属面油漆、抹灰面油漆、喷刷涂料和裱糊等项目工程量计量工作。

5.4.2 相关知识

1. 工程量清单项目设置

依据《规范》中的规定，常见的油漆、涂料、裱糊工程量清单项目包括金属面油漆、抹灰面油漆、喷刷涂料和裱糊。清单项目设置、项目特征描述内容、计量单位及清单工程量计算规则，如表 5.4-1～表 5.4-4 所示：

（1）金属面油漆

表 5.4-1 金属面油漆

项目编码	项目名称	项目特征	计量单位	清单工程量计算规则	工作内容
011405001	金属面油漆	1. 构件名称 2. 腻子种类 3. 刮腻子要求 4. 防护材料种类 5. 油漆品种、刷漆遍数	m²	1. 以吨计量，按设计图示尺寸以质量计算 2. 以平方米计量，按设计展开面积计算	1. 基层清理 2. 刮腻子 3. 刷防护材料

（2）抹灰面油漆

表 5.4-2 抹灰面油漆

项目编码	项目名称	项目特征	计量单位	工程量计算规则	工作内容
011406001	抹灰面油漆	1. 基层类型 2. 腻子种类 3. 刮腻子遍数 4. 防护材料种类 5. 油漆品种、刷漆遍数 6. 部位	m²	按设计图示尺寸以面积计算	1. 基层清理 2. 刮腻子 3. 刷防护材料、油漆

项目编码	项目名称	项目特征	计量单位	工程量计算规则	工作内容
011406003	抹灰线条油漆	1. 线条宽度、道数 2. 腻子种类 3. 刮腻子遍数 4. 防护材料种类 5. 油漆品种、刷漆遍数	m	按设计图示尺寸以长度计算	1. 基层清理 2. 刮腻子 3. 刷防护材料、油漆
011406003	满刮腻子	1. 基层类型 2. 腻子种类 3. 刮腻子遍数	m²	按设计图示尺寸以面积计算。	1. 基层清理 2. 刮腻子

（3）喷刷涂料

表 5.4-3 喷刷涂料

项目编码	项目名称	项目特征	计量单位	工程量计算规则	工作内容
011407001	墙面喷刷涂料	1. 基层类型 2. 喷刷涂料部位 3. 腻子种类 4. 刮腻子要求 5. 涂料品种、刷漆遍数	m²	按设计图示尺寸以面积计算	1. 基层清理 2. 刮腻子 3. 喷刷涂料
011407002	天棚喷刷涂料				
011407004	线条刷涂料	1. 基层清理 2. 线条宽度 3. 刮腻子遍数 4. 刷防护材料、油漆	m	按设计图示尺寸以长度计算	

（4）裱糊

表 5.4-4 裱糊

项目编码	项目名称	项目特征	计量单位	工程量计算规则	工作内容
011408001	墙纸裱糊	1. 基层类型 2. 裱糊部位 3. 腻子种类 4. 刮腻子遍数 5. 粘结材料种类 6. 防护材料种类 7. 面层材料品种、规格、颜色	m²	按设计图示尺寸以面积计算	1. 基层清理 2. 刮腻子 3. 面层铺贴 4. 刷防护材料
011408002	织锦缎裱糊				

2. 工程量计算规则的应用

（1）楼地面、天棚、墙柱梁面的喷（刷）涂料、抹灰面油漆及裱糊工程，均按下表相应的计算规则计算。

表 5.4-5　抹灰面油漆、涂料、裱糊工程量系数表

项目名称	系数	工程量计算方法	执行定额
混凝土楼梯底（板式）	1.15	水平投影面积	抹灰面油漆、涂料、裱糊定额
混凝土楼梯底（梁式）	1.00	展开面积	
混凝土花格窗、栏杆花饰	1.82	单面外围面积	
楼地面、天棚、墙柱梁面	1.00	展开面积	

（2）金属构件油漆的工程量按构件质量计算。

例题 5.4-1：参照例题 3.2-1 图，计算财务室墙面乳胶漆工程量和天棚乳胶漆工程量。

根据例题 4.3-1、例题 4.4-1 的计算结果，有：

墙面乳胶漆工程量 $S_1 = 28.46\text{m}^2$

天棚乳胶漆工程量 $S_2 = 19.51\text{m}^2$

5.4.3　任务实施

本任务的软件操作方法不必单独操作，可按前面相关任务的结果提取所需工程量。此处略。

5.4.4　任务总结

本次任务介绍了油漆、涂料、裱糊工程中常见项目的工程量计算方法。要求了解工程量清单各项目名称设置内容，理解计算规则，掌握工程量的计算方法；熟练操作软件流程并能够运用软件计算项目工程量。

5.4.5　思考与练习

1. 油漆、涂料、裱糊工程工程量清单项目名称有哪些？
2. 油漆、涂料、裱糊工程工程量计算原则是什么？

项目6 土方工程工程量计算

项目描述：小李是某集团公司××项目部的现场造价员，当前工程施工进度是土方工程，项目经理交给小李的任务是按计划完成土方工程量的计量工作，并做好准备与土方工程分包商对量。小李当前的工作任务包括：1. 计算土方工程工程量；2. 计算余方弃置工程量。

任务6.1 土方工程工程量计算

> **知识目标：**
> 1. 了解土方工程中各分项工程量清单项目名称、项目特征描述等内容；
> 2. 理解土方工程工程量计算规则；
> 3. 掌握土方工程工程量计算方法。
>
> **能力目标：**
> 1. 能够计算简单的土方工程中各分项工程工程量；
> 2. 能够运用软件计算土方工程中各分项工程工程量。

6.1.1 任务分析

土方工程中各分项工程工程量的计算是完成项目造价的基本工作之一，也是造价人员在造价管理工作中应具备的最基本能力。本次任务包括：1. 明确土方工程中项目名称设置依据；2. 领会《规范》、《定额》中的关于平整场地、挖一般土方、挖沟槽土方、挖基坑土方等项目的相关规定及工程量计算规则；3. 通过算量软件完成平整场地、挖一般土方、挖沟槽土方、挖基坑土方等项目工程量计量工作。

6.1.2 相关知识

1. 工程量清单项目设置

依据《规范》中的规定，土方工程中常见的工程量清单项目包括平整场地、挖沟槽土方、挖基坑土方和挖一般土方。清单项目设置、项目特征描述内容、计量单位及清单工程量计算规则，如表6.1-1所示：

表6.1-1 土方工程

项目编码	项目名称	项目特征	计量单位	清单工程量计算规则	工作内容
010101001	平整场地	1. 土壤类别 2. 弃土运距 3. 取土运距	m³	按设计图示尺寸以建筑物首层建筑面积计算	1. 土方挖填 2. 场地找平 3. 运输

续表

项目编码	项目名称	项目特征	计量单位	清单工程量计算规则	工作内容
010101002	挖一般土方	1. 土壤类别 2. 弃土运距 3. 取土运距	m³	按设计图示尺寸以体积计算	1. 排地表水 2. 土方开挖 3. 围护（挡土板）及拆除 4. 基底钎探 5. 运输
010101003	挖沟槽土方			按设计图示尺寸以基础垫层底面积乘以挖土深度计算	
010101004	挖基坑土方				

《规范》中对项目设置有如下规定：

（1）建筑物场地厚度≤±300mm 的挖、填、运、找平，按平整场地列项，厚度＞±300mm竖向布置挖土或山坡切土按挖一般土方列项。

（2）沟槽、基坑、一般土方的划分为：底宽≤7m 且底长＞3 倍底宽为沟槽；底长≤3倍底宽且底面积≤150m² 为基坑，超出上述范围则为一般土方。

（3）土方体积应按挖掘前的天然密实体积计算，非天然密实土方应按表 6.1-2 折算：

表 6.1-2　土方体积折算系数表

天然密实度体积	虚方体积	夯实后体积	松填体积
0.77	1.00	0.67	0.83
1.00	1.30	0.87	1.08
1.15	1.50	1.00	1.25
0.92	1.20	0.80	1.00

（4）土壤的分类按表 6.1-3 确定

表 6.1-3　土壤分类表

土壤分类	土壤名称	开挖方法
一、二类土	粉土、砂土（粉砂、细砂、中砂、粗砂、砾砂）粉质黏土、弱中盐渍土、软土（淤泥质土、泥炭、泥炭质土）、软塑红黏土、充填土	用锹、少许用镐、条锄开挖、机械能全部直接铲挖满载者
三类土	黏土、碎石土（圆砾、角砾）混合土、可塑红黏土、硬塑红黏土、强盐渍土、素填土、压实填土	主要用镐、条锄、少许用锹开挖，机械需部分刨松方能铲挖满载者，或可直接铲挖但不能满载者
四类土	碎石土（卵石、碎石、漂石、块石）、坚硬红黏土、超盐渍土、杂填土	全部用镐、条锄挖掘、少许用撬棍挖掘，机械需普遍刨松方能铲挖满载者

注：本表土的名称及其含义按国家标准《岩土工程勘察规范》GB 50021—2001（2009 年版）定义。

（5）放坡系数

开挖基坑、基槽等，为保持土体稳定，防止塌方，保证施工安全，其边沿或侧壁应留有

一定角度的斜坡，称为放坡。

土方的放坡坡度以其高度 H 与放坡底宽度 B 之比表示，称为放坡坡度。示意如图 6.1-1 所示

放坡坡度 $= \dfrac{H}{B} = 1 : K$，K 为放坡系数，$K = \dfrac{B}{H} = \text{tg}\alpha$

放坡起点高度：是指各类土超过放坡高度时才能按表中规定计算放坡工程量，否则不需放坡。

计算放坡时，在交界处的重复工程量不予扣除；原槽、坑做基础垫层时，放坡自垫层的上表面开始计算；冻土不计算放坡。

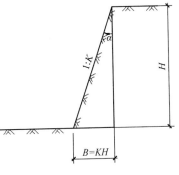

图 6.1-1　放坡示意图

计算挖沟槽、基坑、一般土方工程量需放坡时，放坡系数按表 6.1-4 执行：

表 6.1-4　放坡系数表

土类别	放坡起点（m）	人工挖土	机械挖土		
			在坑内作业	在坑上作业	顺沟槽在坑上作业
一、二类土	1.20	1：0.5	1：0.33	1：0.75	1：0.5
三类土	1.50	1：0.33	1：0.25	1：0.67	1：0.33
四类土	2.00	1：0.25	1：0.10	1：0.33	1：0.25

注：1. 沟槽、基坑中土类别不同时，分别按其放坡起点、放坡系数，依不同土类别厚度加权平均计算。
　　2. 计算放坡时，在交接处重复工程量不予扣除，原槽、坑做基础垫层时，放坡自垫层上表面开始计算。

（6）基础施工所需工作面宽度按 6.1-5 执行：

表 6.1-5　基础施工所需工作面宽度计算表

基础材料	每边各增加工作面宽度（mm）
砖基础	200
浆砌毛石、条石基础	150
混凝土基础垫层支模板	300
混凝土基础支模板	300
基础垂直面做防水层	1000

注：本表按《全国统一建筑工程预算工程量计算规则》GJDGZ—101—95 整理。

（7）土方工程量计算公式

1）挖沟槽

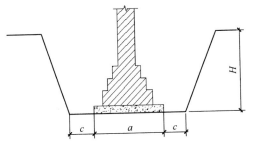

图 6.1-2　垫层底面放坡示意图

① 由垫层底开始放坡（图 6.1-2）

$$V = L \times (a + 2c + kH) \times H$$

式中　V——挖沟槽土方工程量；

L——沟槽计算长度；

a——基础或垫层底宽；

c——工作面宽度；

k——放坡系数；

H——挖土深度。

② 由垫层顶开始放坡（图 6.1-3）

$$V = L \times [(a_1 + 2c + kH_1) \times H_1 + a_2 \times H_2]$$

式中　V——挖沟槽土方工程量；

　　　L——沟槽计算长度；

　　a_1——垫层底宽；

　　　c——工作面宽度；

　　　k——放坡系数；

　　H_1——挖土深度起点至垫层上表面的距离；

　　H_2——垫层厚度。

③ 无放坡（图 6.1-4）

$$V = L \times (a + 2c) \times H$$

式中　V——挖沟槽土方工程量；

　　　L——沟槽计算长度；

　　　a——基础或垫层底宽；

　　　c——工作面宽度；

　　　H——挖土深度。

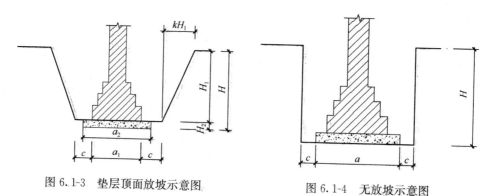

图 6.1-3　垫层顶面放坡示意图　　　　图 6.1-4　无放坡示意图

2）挖基坑（图 6.1-5）

$$V = (a + 2c + kH) \times (b + 2c + kH) \times H + \frac{1}{3}k^2 H^3$$

式中　V——挖基坑土方工程量；

　a、b——基坑底面宽度、长度；

　　　c——工作面宽度；

　　　k——放坡系数；

　　　H——挖土深度。

2. 工程量计算规则的应用

（1）挖一般土方按设计图示尺寸考虑工作面、放坡系数和挖土深度以挖掘前的天然密实体积计算。

（2）挖沟槽、基坑土方按设计图示尺寸以基础底面积考虑工作面、放坡系数和挖土深度以挖掘前的天然密实体积计算。

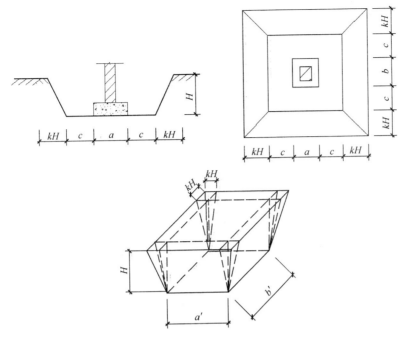

图 6.1-5 基坑放坡示意图

（3）挖沟槽长度，外墙按图示中心线长度计算；内墙按图示基础底面之间净长线长度计算；内外突出部分（垛、附墙烟囱等）体积并入沟槽土方工程量内计算。

例题 6.1-1 图 6.1-6 为某建筑一层平面图，计算平整场地工程量

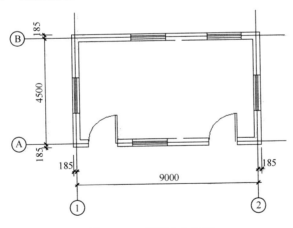

图 6.1-6 例题 6.1-1 图

平整场地 $S = (4.5 + 0.185 \times 2) \times (9.0 + 0.185 \times 2) = 45.63 \text{m}^2$

例题 6.1-2 某建筑物平面图见上题图，外墙下为条形基础，剖面图如图 6.1-7 所示，地基土为一、二类土，计算挖沟槽工程量。

由图 6.1-7 可知，挖土深度 1.40m，假设采用人工挖土，查表：一二类土放坡起点 1.2m，放坡系数 $K = 1 : 0.5$，工作面 $C = 150$，则有：

$$L_外 = (9.0 + 4.5) \times 2 = 27.0 \text{m}$$

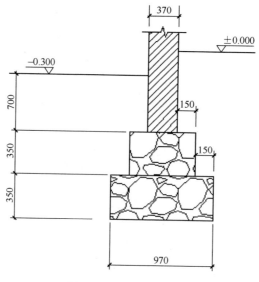

图 6.1-7　例题 6.1-2 图

$$V = (B + 2C + KH) \times L$$
$$= (0.97 + 0.15 \times 2 + 1.4 \times 0.5) \times 27.0$$
$$= 53.19 \text{m}^3$$

6.1.3　任务实施

以广联达 BIM 土建算量软件为例，完成土方工程量计算。

1. 土方构件定义

如下图所示，在模块导航栏的 📁 土方目录下，双击 🔲 基槽土方(C) 新建构件 JC-1，在属性编辑器内填入拟挖沟槽的宽，根据基础类型选择左右工作面数据，如 100，以及放坡系数，如人工挖土填 0.5。

2. 土方构件绘制

（1）沟槽土方

一般地，土方构件可采用自动生成的功能，在梁的界面下，点击 ✔ 自动生成土方 ，出现如下对话框：

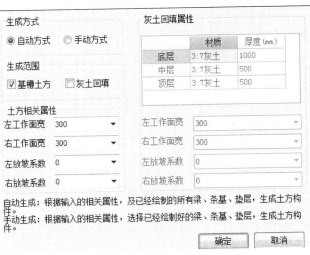

填写相关属性，如左右工作面宽 300，本图沟槽不需放坡，故放坡系数填 0，软件自动根据属性要求，布置好沟槽构件，如下图所示：

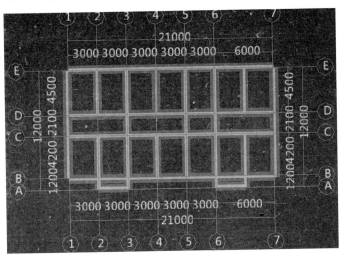

点击 🔄 三维 功能按钮，按住鼠标左键，拖动鼠标，可观察沟槽的三维效果图，如下所示。

（2）基坑土方

在独立基础界面，点击 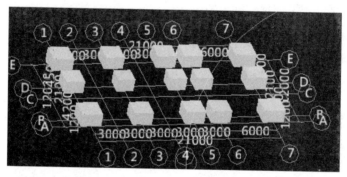 自动生成土方，出现如下对话框：填入工作面 300，基础埋深

1.5－0.3＝1.2m，无需放坡，故放坡系数填 0。填写相关属性，软件自动根据属性要求，布置好基坑构件，三维图如下所示：

3. 工程量查看

图形绘制完毕后，点击 Σ 汇总计算，软件进行自动汇总计算，选择要查看的构件，点击 查看工程量，可查看需要的构件土方体积、基槽长度、素土回填体积等相关信息，如下所示：

分类条件			工程量名称				
	楼层	名称	基槽长度(m)	土方体积(m³)	素土回填体积(m³)	基槽土方侧面面	基槽土方底面面积
1	基础层	JC-1	143.375	14.8814	9.5323	29.6224	59.1696
2		JC-2	16.425	2.513	1.6605	3.969	9.3713
3		小计	159.8	17.3944	11.1928	33.5914	68.5409
4	总计		159.8	17.3944	11.1928	33.5914	68.5409

注意：此时，JC-1 及 JK-1 的回填土方数据均不是最终值，均未扣除埋在地下的构件体

积，当基础等埋在地下的构件全部绘制完成后，该表中的回填土工程量是最终结果。

6.1.4 任务小结

本次任务介绍了平整场地、挖一般土方、挖沟槽土方和挖基坑土方等土方工程中常见项目的工程量计算方法。要求了解工程量清单各项目名称设置内容，理解计算规则，掌握一般情况下的工程量的计算方法；熟练操作软件流程并能够运用软件计算项目工程量。

6.1.5 知识拓展

在实际工程中，除了基础工程需要挖土方，在管道施工中挖土方也常见，项目名称、项目特征及计算规则如表 6.1-6 所示：

表 6.1-6 管沟土方工程

项目编码	项目名称	项目特征	计量单位	工程量计算规则	工作内容
010101007	管沟土方	1. 土壤类别 2. 管外径 3. 挖沟渠 4. 回填要求	1. m 2. m³	1. 以米计量，按设计图示以管道中心线长度计算。 2. 以立方米计量，按设计图示管底垫层面积乘以挖土深度计算；无管底垫层按管外径的水平投影面积乘以挖土深度计算。不扣除各类井的长度，井的土方并入	1. 排地表水 2. 土方开挖 3. 围护（挡土板）、支撑 4. 运输 5. 回填

6.1.6 思考和练习

1. 如何区分一般挖土方、挖沟槽和挖基坑？
2. 熟悉算量软件中的操作命令，熟练沟槽、基坑等构件的绘制方法。
3. 计算《1♯实验楼》中基坑的土方工程量。
4. 利用软件完成《1♯实验楼》中土方工程量的计算。

任务 6.2 回填工程量计算

知识目标：

1. 了解回填工程量清单项目名称；
2. 了解回填工程清单项目工程量计算规则；
3. 掌握回填工程清单项目工程量计算方法；
4. 运用算量软件计算回填工程工程量。

能力目标：

1. 能够计算回填工程项目工程量；
2. 能够熟练运用软件计算回填工程量。

6.2.1 任务分析

根据施工过程，在基础等地下结构施工完成后需要回填部分土方，其余土方应该运输至指定地点，本次任务就是确定回填土方量及余方弃置工程量。

6.2.2 相关知识

1. 工程量清单项目设置

依据《规范》中的规定，回填工程量清单项目包括回填方和余方弃置。清单项目设置、项目特征描述内容、计量单位及清单工程量计算规则，如表 6.2-1 所示：

表 6.2-1 回填

项目编码	项目名称	项目特征	计量单位	清单工程量计算规则	工作内容
010103001	回填方	1. 密实度要求 2. 填方材料品种 3. 填方粒径要求 4. 填方来源、运距	m³	按设计图示尺寸以体积计算 1. 场地回填：回填面积乘以平均回填厚度 2. 室内回填：主墙间面积乘以回填厚度，不扣除间隔墙 3. 基础回填：按挖方清单项目工程量减去自然地坪以下埋设的基础体积	1. 运输 2. 回填 3. 压实
010103002	余方弃置	1. 废弃料品种 2. 运距	m³	按挖方清单项目工程量减去利用回填方体积（正数）计算	余方装料运输至弃置点

2. 工程量计算规则的应用

（1）回填土体积均以回填后夯实土或松填土体积为准计算；

（2）沟槽、基坑回填土，以挖方体积减去设计室外地坪以下埋设砌筑物（包括：基础垫层、基础等）体积计算；示意如图 6.2-1 所示。

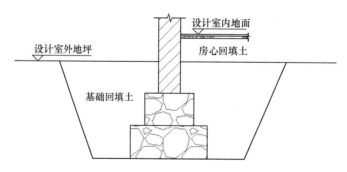

图 6.2-1 挖土及回填土示意图

（3）房心回填土，按主墙之间的面积乘以回填厚度计算；

（4）场地回填以回填面积乘以回填平均厚度计算；

（5）场内余土外运体积（自然方）按以下公式计算：

余土外运体积＝挖土体积－回填土体积÷夯填系数（0.87）或松填系数（1.08）

（6）土方运输以土方天然密实度体积计算；

（7）推土机推土运距，按挖方区重心至回填区重心之间的直线距离计算；

（8）铲运机铲运土距离，按挖方区重心至卸土区重心加转向距离 45km 计算；

（9）自卸汽车运土运距，按挖方区重心至填土区（或堆放地点）重心的最短距离计算。

例题 6.2-1，根据例题 6.1-2 的内容，首层地面做法见下表：

计算基槽回填土、房心回填土及余方弃置的工程量。

名称	工程做法
地 1-铺地砖地面	1. 10 厚地砖，稀水泥浆擦缝； 2. 30 厚 1：3 干硬性水泥砂浆粘结层； 3. 素水泥浆一道（内掺建筑胶）； 4. 60 厚 C15 混凝土； 5. 素土夯实，压实系数 0.9

分析题意：根据前面题意，挖土体积，$V_1 = 50.49 \text{m}^3$

埋设在 -0.30 以下的实体基础体积为：

毛石基础体积 $V_2 = (0.97 \times 0.35 + 0.67 \times 0.35) \times 27.0$
$\qquad\qquad\qquad = 15.5 \text{m}^3$

砖基础体积 $V_3 = 0.7 \times 0.365 \times 27.0 = 6.9 \text{m}^3$

小计 $V_4 = 15.5 + 6.9 = 22.4 \text{m}^3$

基础回填土 $V_5 = 50.49 - 22.4 = 28.09 \text{m}^3$

房心回填土土厚度 $h = 0.3 - 0.01 - 0.03 - 0.06 = 0.2 \text{m}$

房心净面积 $S = (9.0 - 0.365) \times (4.5 - 0.365) = 35.71 \text{m}^2$

房心回填土 $V_6 = Sh = 35.71 \times 0.2 = 7.14 \text{m}^3$

余方弃置 $V_7 = 50.49 - 28.09 - 7.14 = 15.26 \text{m}^3$

6.2.3　任务实施

基础回填的数据可参照土方构件的计算结果。

6.2.4　任务小结

本次任务介绍了场内回填、房心回填、基础回填、余方弃置等回填工程中常见项目的工程量计算方法。要求了解工程量清单各项目名称设置内容，理解计算规则，掌握一般情况下的工程量的计算方法；熟练操作软件流程并能够运用软件计算项目工程量。

6.2.5　知识拓展

《定额》中对房心回填土和基础回填土的划分作了如下规定：室内外高差≤0.6m 时，以室外地坪标高为界；室内外高差＞0.6m 时，以－0.6m 为界，以上为房心回填土，以下为基础回填土。

房心回填土套用素土垫层定额。

6.2.6 思考与练习

1. 回填工程中场地回填、房心回填和基础回填有何不同?
2. 阅读并理解《规范》关于回填工程量计算规则的相关内容。
3. 计算《1♯实验楼》中回填土工程量。
4. 利用软件完成《1♯实验楼》中回填土工程量的计算。

项目 7　桩基工程工程量计算

项目描述：宏宇集团公司是某大型楼盘的总承包商，其中桩基工程分包给宏远基础公司，小王做为宏宇集团成本部助理造价工程师，正在与宏远公司进行桩基工程结算。小王当前首要的工作任务是：计算桩基工程工程量。

> **知识目标：**
> 1. 了解桩基工程中各分项工程量清单项目名称、项目特征描述等内容；
> 2. 理解桩基工程工程量计算规则；
> 3. 掌握桩基工程工程量计算方法。
>
> **能力目标：**
> 1. 能够计算桩基工程中各分项工程工程量；
> 2. 能够运用软件计算桩基工程中各分项工程工程量。

7.1　任　务　分　析

桩基工程中各分项工程工程量的计算是完成项目造价的基本工作之一，也是造价人员在造价管理工作中应具备的最基本能力。本次任务包括：1. 明确桩基工程中项目名称设置依据；2. 领会《规范》、《定额》中的关于打桩、灌注桩等包含的项目名称、相关规定及工程量计算规则；3. 准确计算桩基工程工程量。

7.2　相　关　知　识

1. 工程量清单项目设置

依据《规范》中的规定，常见的桩基工程量清单项目包括预制钢筋混凝土方桩、预制钢筋混凝土管桩、截（凿）桩头和沉管灌注桩。清单项目设置、项目特征描述内容、计量单位及清单工程量计算规则，如表 7-1、表 7-2 所示。

（1）打桩

表 7-1　打桩

项目编码	项目名称	项目特征	计量单位	工程量计算规则	工作内容
010301001	预制钢筋混凝土方桩	1. 地层情况 2. 送桩深度、桩长 3. 桩截面 4. 桩倾斜度 5. 沉桩方法 6. 接桩方式 7. 混凝土强度等级	1. m 2. m³ 3. 根	1. 以 m 计量，按设计图示尺寸以桩长（包括桩尖）计算 2. 以立方米计量，按设计图示截面积乘以桩长（包括桩尖）以实体积计算 3. 以根计量，按设计图示数量计算	1. 工作平台打拆 2. 桩机竖拆、移位 3. 沉桩 4. 接桩 5. 送桩

项目编码	项目名称	项目特征	计量单位	工程量计算规则	工作内容
010301002	预制钢筋混凝土管桩	1. 地层情况 2. 送桩深度、桩长 3. 桩外径、壁厚 4. 桩倾斜度 5. 沉桩方法 6. 桩尖类型 7. 混凝土强度等级 8. 填充材料种类 9. 防护材料种类	1. m 2. m³ 3. 根	按挖方清单项目工程量减去利用回填方体积（正数）计算	1. 工作平台打拆 2. 桩机竖拆、移位 3. 沉桩 4. 接桩 5. 送桩 6. 桩尖制作安装 7. 填充材料、刷防护材料
010301004	截（凿）桩头	1. 桩类型 2. 桩头截面、高度 3. 混凝土强度等级 4. 有无钢筋	1. m³ 2. 根	1. 以立方米计量，按设计桩截面积乘以桩头长度以体积计算 3. 以根计量，按设计图示数量计算	1. 截（切割）桩头 2. 凿平 3. 废料外运
010302002	沉管灌注桩	1. 地层情况 2. 空桩长度、桩长 3. 复打长度 4. 桩径 5. 沉桩方法 6. 桩尖类型 7. 混凝土种类、强度等级	1. m 2. m³ 3. 根	1. 以 m 计量，按设计图示尺寸以桩长（包括桩尖）计算 2. 以立方米计量，按不同截面在桩上范围内体积计算 3. 以根计量，按设计图示数量计算	1. 打（沉）拔钢管 2. 桩尖制作安装 3. 混凝土制作、运输、灌注、养护

（2）灌注桩

表 7-2　打桩

项目编码	项目名称	项目特征	计量单位	工程量计算规则	工作内容
010302001	泥浆护壁成孔灌注桩	1. 地层情况 2. 空桩长度、桩长 3. 桩径 4. 成孔方法 5. 护筒类型、长度 6. 混凝土种类、强度等级	1. m 2. m³ 3. 根	1. 以米计量，按设计图示尺寸以桩长（包括桩尖）计算 2. 以立方米计量，按不同截面在桩上范围内体积计算 3. 以根计量，按设计图示数量计算	1. 护筒埋设 2. 成孔、固壁 3. 混凝土制作、运输、灌注、养护 4. 土方、废泥浆外运 5. 打桩场地硬化及泥浆池、泥浆沟
010302002	沉管灌注桩	1. 地层情况 2. 空桩长度、桩长 3. 复打长度 4. 桩径 5. 沉桩方法 6. 桩尖类型 7. 混凝土种类、强度等级	1. m 2. m³ 3. 根		1. 打（沉）拔钢管 2. 桩尖制作安装 3. 混凝土制作、运输、灌注、养护
010302004	挖孔桩土（石）方	1. 地层情况 2. 挖孔深度 3. 弃土（石）运距	m³	按设计图示尺寸（含护壁）截面乘以挖孔深度以立方米计算	1. 排地表水 2. 挖土、凿石 3. 基地钎探 4. 运输

续表

项目编码	项目名称	项目特征	计量单位	工程量计算规则	工作内容
010302005	人工挖孔灌注桩	1. 桩芯长度 2. 桩芯直径、扩底直径、扩底高度 3. 护壁厚度、高度 4. 护壁混凝土种类、强度等级 5. 桩芯混凝土种类、强度等级	1. m³ 2. 根	1. 以立方米计量，按桩芯混凝土体积计算 2. 以根计量，按设计图示数量计算	1. 护壁制作 2. 混凝土制作、运输、灌注、养护

2. 工程量计算规则的应用

除了《规范》中相关规定，《吉林省建筑工程定额》也有如下规定：

（1）预制钢筋混凝土方桩制作、打桩、压桩及管桩制作，按设计桩截面积乘以桩长（包括桩尖）以实体积计算。预制钢筋混凝土管桩打桩、压桩，按设计桩截面积（包括空心部分）乘以桩长（包括桩尖）以体积计算。管桩的空心部分按设计要求灌注混凝土，执行零星混凝土项目。托板按钢板和钢筋的质量计算，执行铁件和钢筋笼项目。

（2）接桩按设计要求，以个计算；硫磺胶泥接桩，按桩断面以面积计算。

（3）送桩按桩截面面积乘以送桩长度（即打桩架底至桩顶面高度或自桩顶面至自然地面另加 0.5m）计算。

（4）灌注混凝土桩的钢筋笼制作根据设计规定，按钢筋混凝土相应项目以 t 计算。

（5）桩头截断按个数计算，凿桩头按体积计算。

例题 7-1： 图 7-1 所示为某建筑基础采用静压高强预应力空心管桩基础，桩选用图集

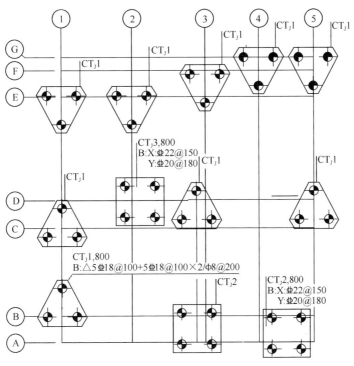

图 7-1　例题 7-1 图

《预应力混凝土管桩》（10G409），选用桩型为：⊕ PHC-400 A(95)—12m，⊕ PHC—400 A (95)—10m，试计算桩基础工程量。

从图上可知，CT$_J$1 为三桩承台，共 9 个，其中 ⊕ 型桩共计 6 根，⊕ 型桩共计 21 根；CT$_J$2 为四桩承台 2 个，均为 ⊕ 型桩，共计 8 根；CT$_J$3 为四桩承台共计 1 个，为 ⊕ 型桩，共计 4 根；则有，

$$桩工程量 L=12.0×6+10.0×(21+8+4)=402m$$

7.3 任 务 实 施

桩的工程量通常采用在图纸上计数的方式计量。软件操作方法略

7.4 任 务 小 结

本次任务介绍了打桩、灌注桩等桩基工程中常见项目的工程量计算方法。要求了解工程量清单各项目名称设置内容，理解计算规则，掌握桩基工程工程量的计算方法并准确计算桩基工程中相关项目工程量。

7.5 知 识 拓 展

1. 预应力管桩基础知识

（1）管桩按桩身混凝土有效预应力值分为 A 型、AB 型、B 型和 C 型。

（2）管桩按混凝土强度等级分为预应力混凝土管桩（代号 PC）和预应力高强混凝土管桩（代号 PHC）。

（3）标记方式：

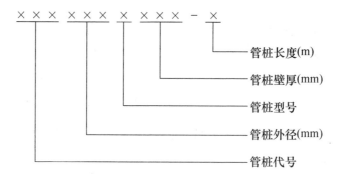

例：PHC-400 A（95）-10 代表的含义为高强混凝土管桩，管桩外径 400mm，管桩型号为 A 型，管桩壁厚 95mm，管桩长度为 10m。

（4）截桩桩顶与承台连接构造如图 7-2 所示：

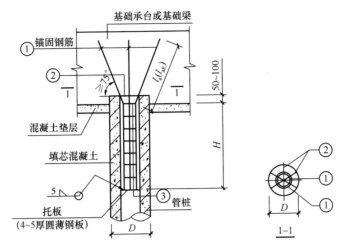

图 7-2　截桩桩顶与承台连接构造示意图

注：1. 桩顶与承台连接的配筋表

D (mm)	①	②	③
300	4 Φ 16	2φ8	φ6@200
400	4 Φ 20	2φ8	φ6@200
500	6 Φ 18	3φ8	φ8@200
600	6 Φ 20	3φ8	φ8@200
700	6 Φ 20	3φ8	φ8@200
800	6 Φ 20	3φ10	φ8@150
1000	8 Φ 20	4φ10	φ8@150
1200	10 Φ 22	5φ10	φ8@150

2. 桩顶内应设置托板及放入钢筋骨架，桩顶填芯混凝土采用与承台或基础梁相同混凝土等级；

3. 浇灌填芯混凝土前，应先将管桩内壁浮浆清理干净，以采用内壁涂刷水泥净浆、混凝土界面剂或采用微膨胀混凝土等措施，以提高填芯混凝土与管桩桩身混凝土的整体性；

4. ①号筋与②筋应沿管桩圆周均匀布置，①号筋应与②筋和托板焊牢，托板尺寸略小于管桩内径；

5. 管桩顶填芯混凝土高度 H 的规定：当为承压桩时 H 不小于 $3D$，且不小于 1.5m；当为抗拔桩时不小于 3m。

例 17-2：上例中管桩桩芯需填入微膨胀 C30 混凝土，填入高度 1.5m，试计算需填入混凝土及钢筋笼的工程量。

$$V = 3.14 \times (0.2 - 0.095) \times (0.2 - 0.095) \times 1.5 \times 39 = 2.03 \text{m}^3$$

钢筋工程量：假设 $L_a = 29d$

① 号筋：Φ 20

$$2.468 \times 29 \times 0.020 \times 4 \times 39 = 223 \text{kg} = 0.223 \text{t}$$

② 号筋：Φ 8

$$0.395 \times 0.4 \times 2 \times 39 = 12.324 \text{kg} = 0.012 \text{t}$$

③ 号筋：Φ 6

$$0.222 \times 3.14 \times 0.4 \times (1.5/0.2 + 1) \times 39 = 92.433 \text{kg} = 0.092 \text{t}$$

钢板：$7.85 \times 3.14 \times (0.2 - 0.095) \times (0.2 - 0.095) \times 0.005 \times 39 = 53 \text{kg} = 0.053 \text{t}$

合计：Φ10 以内：0.012＋0.092＝0.104t

Φ10 以外：0.223t

钢板：0.053t

7.6 思考和练习

1. 桩基相关项目的清单项目名称有哪些？
2. 桩基相关项目工程量计算规则是什么？

项目 8　建筑面积计算

项目描述：小李是某公司的成本经理，正在筹备某项目的投标事宜，在测算项目成本时，需要整个项目的建筑面积详细数据，于是，把这个任务交给了该项目部造价员小王。小王目前的工作任务是：计算本项目范围内所有建筑工程的建筑面积。

知识目标：

1. 了解建筑面积的概念；
2. 了解建筑面积的构成；
3. 了解建筑面积的作用；
4. 理解建筑面积计算规则；
5. 掌握一般民用建筑的建筑面积计算方法。

能力目标：

1. 能够应用计算规则计算简单情况下的建筑面积；
2. 能够应用工程造价计量软件计算建筑面积。

8.1　任　务　分　析

在工程造价管理工作中，建筑面积是一项重要的技术经济指标，如：依据建筑面积可以确定工程项目的平方米造价、平方米材料用量及平方米用工量；依据建筑面积还是计算某些项目工程量的基础数据，如场地平整、脚手架等。此外，建筑面积还是划分工程类别的主要依据之一。本次任务包括：1. 了解与建筑面积有关的名词；2. 领会《建筑工程建筑面积计算规范》相关规定及工程量计算规则；3. 能够计算简单情况下的建筑面积；4. 通过算量软件完成建筑面积的工程量计量工作。

8.2　相　关　知　识

8.2.1　建筑面积的构成

建筑面积包括房屋的使用面积、辅助面积和结构面积。

房屋的使用面积指的是建筑物中可供生产或生活使用的净面积，如卧室、办公室等净面积。

房屋的辅助面积指的是建筑物中辅助生产、生活使用的净面积，如走廊、电梯间、厨房、卫生间等净面积。

房屋的使用面积和辅助面积之和称为有效面积。

房屋的结构面积指的是建筑物中墙体、柱等结构所占面积的总和。

8.2.2 常用名词

根据现行的《建筑工程建筑面积计算规范》（GB/T 50353—2013）（以下简称《建筑面积计算规范》）中的内容，常用名词解释如下：，

1. 建筑面积

建筑物（包括墙体）所形成的楼地面面积。

2. 自然层

按楼地面结构分层的楼层。

3. 结构层高

楼面或地面结构层上表面至上部结构层上表面之间的垂直距离。

4. 结构净高

楼面或地面结构层上表面至上部结构层下表面之间的垂直距离。

5. 阳台

附设于建筑物外墙，设有栏杆或栏板，可供人活动的室外空间。

6. 露台

设置在屋面、首层地面或雨篷上的供人室外活动的有围护设施的平台。

7. 勒脚

在房屋外墙接近地面部位设置的饰面保护构造。

8. 台阶

联系室内外地坪或同楼层不同标高而设置的阶梯形踏步。

8.2.3 计算建筑面积的规定

根据《建筑面积计算规范》，计算建筑面积有如下规定：

1. 建筑物的建筑面积应按自然层外墙结构外围水平面积之和计算。结构层高在 2.20m 及以上的，应计算全面积；结构层高在 2.20m 以下的，应计算 1/2 面积。

例 8-1：某建筑如图 8-1 所示，计算建筑面积

$$S=(6.9+9.0+0.12\times2)\times(6.9+0.12\times2)\times5=576.20m^2$$

2. 建筑物内设有局部楼层时，对于局部楼层的二层及以上楼层，有围护结构的应按其围护结构外围水平面积计算，无围护结构的应按其结构底板水平面积计算。结构层高在 2.20m 及以上的，应计算全面积，结构层高在 2.20m 以下的，应计算 1/2 面积。

例 8-2：如图 8-2 所示，墙厚均为 240，计算该建筑的建筑面积。

底层建筑面积 $S_1=(5.4+3.6+0.12\times2)\times(2.7+3.3+0.12\times2)=57.66m^2$

局部二层建筑面积 $S_2=(3.6+0.12\times2)\times(3.3+0.12\times2)\times0.5=6.80m^2$

该建筑的建筑面积 $S=S_1+S_2=57.66+6.8=64.46m^2$

3. 形成建筑空间的坡屋顶，结构净高在 2.10m 及以上的部位应计算全面积；结构净高在 1.20m 及以上至 2.10m 以下的部位应计算 1/2 面积；结构净高在 1.20m 以下的部位不应计算建筑面积。

4. 场馆看台下的建筑空间，结构净高在 2.10m 及以上的部位应计算全面积；结构净高在 1.20m 及以上至 2.10m 以下的部位应计算 1/2 面积；结构净高在 1.20m 以下的部位不应计算建筑面积。室内单独设置的有围护设施的悬挑看台，应按看台结构底板水平投影面积计

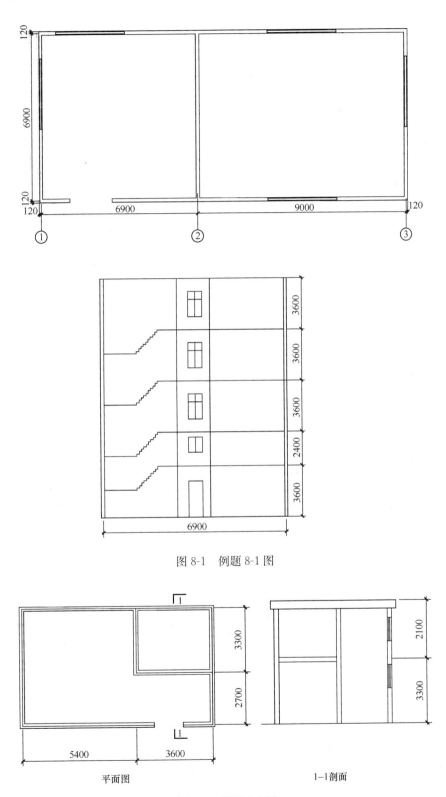

图 8-1 例题 8-1 图

图 8-2 例题 8-2 图

算建筑面积。有顶盖无围护结构的场馆看台应按其顶盖水平投影面积的 1/2 计算面积。

5. 地下室、半地下室应按其结构外围水平面积计算。结构层高在 2.20m 及以上的，应计算全面积；结构层高在 2.20m 以下的，应计算 1/2 面积。

6. 出入口外墙外侧坡道有顶盖的部位，应按其外墙结构外围水平面积的 1/2 计算面积。

7. 建筑物架空层及坡地建筑物吊脚架空层，应按其顶板水平投影计算建筑面积。结构层高在 2.20m 及以上的，应计算全面积；结构层高在 2.20m 以下的，应计算 1/2 面积。

8. 建筑物的门厅、大厅应按一层计算建筑面积，门厅、大厅内设置的走廊应按走廊结构底板水平投影面积计算建筑面积。结构层高在 2.20m 及以上的，应计算全面积；结构层高在 2.20m 以下的，应计算 1/2 面积。

9. 建筑物间的架空走廊，有顶盖和围护结构的，应按其围护结构外围水平面积计算全面积；无围护结构、有围护设施的，应按其结构底板水平投影面积计算 1/2 面积。示意如图 8-3 所示。

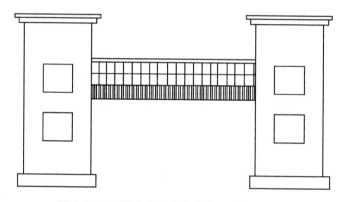

图 8-3　有顶盖和围护结构的架空走廊示意图

10. 立体书库、立体仓库、立体车库，有围护结构的，应按其围护结构外围水平面积计算建筑面积；无围护结构、有围护设施的，应按其结构底板水平投影面积计算建筑面积。无结构层的应按一层计算，有结构层的应按其结构层面积分别计算。结构层高在 2.20m 及以上的，应计算全面积；结构层高在 2.20m 以下的，应计算 1/2 面积。

11. 有围护结构的舞台灯光控制室，应按其围护结构外围水平面积计算。结构层高在 2.20m 及以上的，应计算全面积；结构层高在 2.20m 以下的，应计算 1/2 面积。

12. 附属在建筑物外墙的落地橱窗，应按其围护结构外围水平面积计算。结构层高在 2.20m 及以上的，应计算全面积；结构层高在 2.20m 以下的，应计算 1/2 面积。

13. 窗台与室内楼地面高差在 0.45m 以下且结构净高在 2.10m 及以上的凸（飘）窗，应按其围护结构外围水平面积计算 1/2 面积。

14. 有围护设施的室外走廊（挑廊），应按其结构底板水平投影面积计算 1/2 面积；有围护设施（或柱）的檐廊，应按其围护设施（或柱）外围水平面积计算 1/2 面积。

15. 门斗应按其围护结构外围水平面积计算建筑面积。结构层高在 2.20m 及以上的，应计算全面积；结构层高在 2.20m 以下的，应计算 1/2 面积。

16. 门廊应按其顶板的水平投影面积的 1/2 计算建筑面积；有柱雨篷应按其结构板水平投影面积的 1/2 计算建筑面积；无柱雨篷的结构外边线至外墙结构外边线的宽度在 2.10m 及以上的，应按雨篷结构板的水平投影面积的 1/2 计算建筑面积。

例 8-3：计算雨篷建筑面积，示意图如图 8-4 所示。

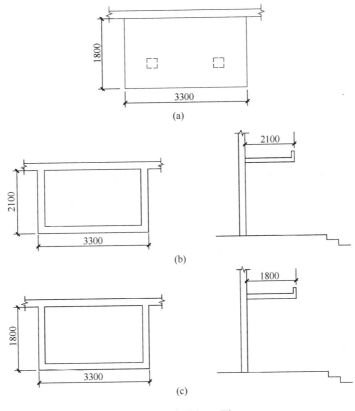

(a)

(b)

(c)

图 8-4　例题 8-3 图

图（a）有柱雨篷：$S_1 = 3.3 \times 1.8 \times 0.5 = 2.97 \mathrm{m}^2$

图（b）无柱雨篷：$S_2 = 3.3 \times 2.1 \times 0.5 = 3.47 \mathrm{m}^2$

图（c）不计算建筑面积。

17. 设在建筑物顶部的、有围护结构的楼梯间、水箱间、电梯机房等，结构层高在 2.20m 及以上的应计算全面积；结构层高在 2.20m 以下的，应计算 1/2 面积。示意如图 8-5 所示。

图 8-5 所示，屋顶水箱间层高 2.0，应按其外围水平面积的 1/2 计算建筑面积。

18. 围护结构不垂直于水平面的楼层，应按其底板面的外墙外围水平面积计算。结构净高在 2.10m 及以上的部位，应计算全面积；结构净高在 1.20m 及以上至 2.10m 以下的部位，应计算 1/2 面积；结构净高在 1.20m 以下的部位，不应计算建筑面积。

19. 建筑物的室内楼梯、电梯井、提物井、管道井、通风排气竖井、烟道，应并入建筑物的自然层计算建筑面积。有顶盖的采光井应按一层计算面积，结构净高在 2.10m 及以上的，应计算全面积；结构净高在 2.10m 以下的，应计算 1/2 面积。

20. 室外楼梯应并入所依附建筑物自然层，并应按其水平投影面积的 1/2 计算建筑面积。

21. 在主体结构内的阳台，应按其结构外围水平面积计算全面积；在主体结构外的阳台，应按其结构底板水平投影面积计算 1/2 面积。

例 8-4：如图 8-6 所示，某建筑单元内有一凹阳台和一挑阳台，凹阳台位于主体结构内，

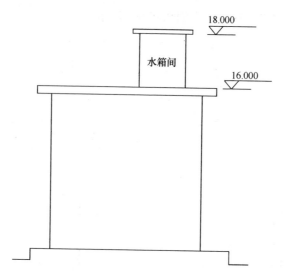

图 8-5 屋顶有围护结构的建筑面积计算示意图

其水平投影面积 $S_1 = (3.3 - 0.12 \times 2) \times 1.5 = 4.59\text{m}^2$ 全部计入建筑面积；挑阳台位于主体结构之外，其水平投影面积的 1/2 即：

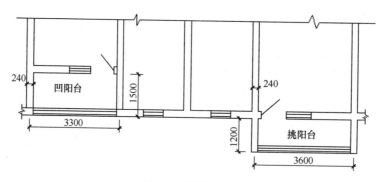

图 8-6 例题 8-4 图

$S_2 = (3.6 + 0.12 \times 2) \times 1.2 \times 0.5 = 2.3\text{m}^2$ 计入建筑面积。

22. 有顶盖无围护结构的车棚、货棚、站台、加油站、收费站等，应按其顶盖水平投影面积的 1/2 计算建筑面积。

23. 以幕墙作为围护结构的建筑物，应按幕墙外边线计算建筑面积。

24. 建筑物的外墙外保温层，应按其保温材料的水平截面积计算，并计入自然层建筑面积。

25. 与室内相通的变形缝，应按其自然层合并在建筑物建筑面积内计算。对于高低联跨的建筑物，当高低跨内部连通时，其变形缝应计算在低跨面积内。

26. 对于建筑物内的设备层、管道层、避难层等有结构层的楼层，结构层高在 2.20m 及以上的，应计算全面积；结构层高在 2.20m 以下的，应计算 1/2 面积。

8.2.4 不计算建筑面积的范围

1. 与建筑物内不相连通的建筑部件；

2. 骑楼、过街楼底层的开放公共空间和建筑物通道；

3. 舞台及后台悬挂幕布和布景的天桥、挑台等；

4. 露台、露天游泳池、花架、屋顶的水箱及装饰性结构构件；

5. 建筑物内的操作平台、上料平台、安装箱和罐体的平台；

6. 勒脚、附墙柱、垛、台阶、墙面抹灰、装饰面、镶贴块料面层、装饰性幕墙，主体结构外的空调室外机搁板（箱）、构件、配件，挑出宽度在 2.1m 以下的无柱雨篷和顶盖高度达到或超过两个楼层的无柱雨篷；

7. 窗台与室内地面高差在 0.45m 以下且结构净高在 2.1m 以下的凸（飘）窗，窗台与室内地面高差在 0.45m 及以上的凸（飘）窗；

8. 室外爬梯、室外专用消防钢楼梯；

9. 无围护结构的观光电梯；

10. 建筑物以外的地下人防通道，独立烟囱、烟道、地沟、油（水）罐、气柜、水塔、贮（油）水池、贮仓、栈桥等构筑物。

8.3　任　务　实　施

以广联达 BIM 土建算量软件为例，完成建筑面积的工程量计算。

1. 建筑面积构件定义

如下图所示，在导航栏内 📁 其他 目录下，双击 建筑面积 (U)，新建建筑面积构件 JZMJ-1，在属性编辑器内，需要在建筑面积计算方法的栏目下选择建筑面积的计算方式，即计算全部、计算一半或不计算，如下图所示：

名称	JZMJ-1	
底标高 (m)	层底标高	
建筑面积计算方式	计算全部	
备注	计算全部 计算一半 不计算	
计算属性		

2. 建筑面积构件的绘制

点击 绘图 进入建筑面积构件的绘图界面，可采用 ⊠ 点 布置方式，分别将定义好的建筑面积构件布置到轴网的相应位置，如下图所示。除点布置方式外，还可根据个人习惯采取 直线 或 矩形 布置方式。

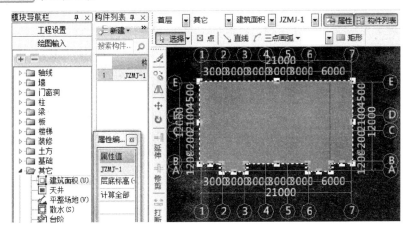

点击 三维 功能按钮，按住鼠标左键，拖动鼠标，可观察建筑面积的三维效果图，如下所示：

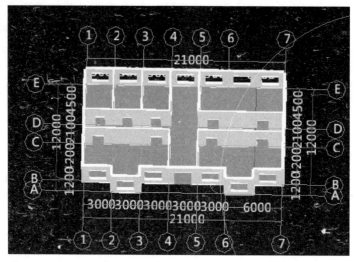

3. 工程量查看

图形绘制完毕后，点击 Σ汇总计算 ，软件进行自动汇总计算，选择要查看的构件，点击 查看工程量 ，可查看需要的建筑面积构件的原始面积、面积、周长、综合脚手架面积等相关信息，如下：

楼层	名称	原始面积 (m²)	面积 (m²)	周长 (m)	综合脚手架面积 (m²)
1	首层	JZMJ-1	249.9275	256.9225	69.95	256.9225
2		小计	249.9275	256.9225	69.95	256.9225
3	总计		249.9275	256.9225	69.95	256.9225

8.4 任 务 小 结

本次任务介绍了建筑面积的计算规则及计算方法等相关内容。要求了解与建筑面积有关的名词含义，理解建筑面积计算规则，掌握简单情况下建筑面积的计算方法，能够熟练运用软件计算建筑面积。

8.5 知 识 拓 展

1. 建筑面积在工程造价技术经济指标中的具体应用：

（1）单位面积造价 $=\dfrac{\text{工程造价}}{\text{建筑面积}}$

（2）人工消耗量指标 $=\dfrac{\text{工程人工消耗量}}{\text{建筑面积}}$

（3）材料消耗量指标＝$\dfrac{\text{工程材料消耗量}}{\text{建筑面积}}$

2. 建筑面积是划分建筑工程类别的标准之一，如依据《吉林省建筑工程费用定额》（JLJD-FY-2014），建筑工程类别划分标准见下表

工程类型	分类指标	单位	一类	二类	三类
单层厂房	建筑面积	m²	＞5000	＞3000	≤3000
	高度	m	＞21	＞15	≤15
	跨度	m	＞24	＞18	≤18
多层厂房	建筑面积	m²	＞6000	＞4000	≤4000
	高度	m	＞21	＞18	≤18
	跨度	m	＞30	＞24	≤24
公共建筑	建筑面积	m²	＞8000	＞5000	≤5000
	高度	m	＞27	＞21	≤21
	跨度	m	＞24	＞18	≤18
居住建筑	建筑面积	m²	＞8000	＞5000	≤5000
	高度	m	＞30	＞21	≤21
	跨度	m	＞10	＞7	≤7

8.6　思 考 和 练 习

1. 计算 1/2 建筑面积的情况有哪些？
2. 不计算建筑面积的范围有哪些？
3. 计算《1♯实验楼》一层建筑面积。
4. 用软件计算《1♯实验楼》的建筑面积。

项目 9 措 施 项 目

知识目标：

1. 了解措施项目的工程量清单项目名称、项目特征描述等内容；
2. 理解措施项目工程量计算规则；
3. 掌握措施项目工程量计算方法。

能力目标：

1. 能够计算措施项目工程量；
2. 能够运用软件计算措施项目工程量。

9.1 任 务 分 析

措施项目是指为了完成工程项目施工，发生于该工程施工前和施工过程中的技术、生活、文明、安全等方面的非工程实体项目。也就是说，在建设工程建设过程中，发生的措施项目并非直接用于工程实体项目上，却又是完成工程实体所必不可少的。根据《规范》规定，措施项目分两大类，一类是与分部分项工程一致，有项目编码、项目名称、项目特征、计量单位和工程量计算规则的项目，也被称为单价措施项目；另一类是仅有项目编码、项目名称，没有项目特征、计量单位和工程量计算规则的项目，也被称为总价措施项目。本次任务主要介绍单价措施项目，包括脚手架、混凝土模板、垂直运输、超高施工增加、大型机械设备进出场及安拆的相关内容。总价措施项目的相关内容不含在本教程内。

9.2 相 关 知 识

依据《规范》规定，单价措施项目工程量清单项目设置、项目特征描述内容、计量单位及清单工程量计算规则，如表 9-1～表 9-4 所示：

（1）脚手架工程

表 9-1 脚手架

项目编码	项目名称	项目特征	计量单位	清单工程量计算规则	工作内容
011701001	综合脚手架	1. 建筑结构形式 2. 檐口高度	m²	按建筑面积计算	1. 场内、场外材料搬运 2. 搭拆脚手架、斜道、上料平台 3. 安全网的铺设 4. 选择附墙点与主体连接 5. 测试电动装置、安全锁等 6. 拆除脚手架后材料的堆放

续表

项目编码	项目名称	项目特征	计量单位	清单工程量计算规则	工作内容
011701002	外脚手架	1. 搭设方式 2. 搭设高度 3. 脚手架材质	m²	按所服务对象的垂直投影面积计算	1. 场内、场外材料搬运 2. 搭拆脚手架、斜道、上料平台 3. 安全网的铺设 4. 拆除脚手架后材料的堆放
011701003	里脚手架				
011701004	悬空脚手架	1. 搭设方式 2. 悬挑宽度 3. 脚手架材质		按搭设的水平投影面积计算	
011701005	挑脚手架		m	按搭设长度乘以搭设层数以延长米计算	
011701006	满堂脚手架	1. 搭设方式 2. 搭设高度 3. 脚手架材质	m²	按搭设的水平投影面积计算	
011701007	整体提升架	1. 搭设方式及启动装置 2. 搭设高度	m²	按所服务对象的垂直投影面积计算	1. 场内、场外材料搬运 2. 选择附墙点与主体连接 3. 搭拆脚手架、斜道、上料平台 4. 安全网的铺设 5. 测试电动装置、安全锁等 6. 拆除脚手架后材料的堆放
011701008	外装饰吊篮	1. 升降方式及启动装置 2. 搭设高度及吊篮型号	m²	按所服务对象的垂直投影面积计算	1. 场内、场外材料搬运 2. 吊篮的安装 3. 测试电动装置、安全锁、平衡控制器等 4. 吊篮的拆卸

注：1. 使用综合脚手架时，不再使用外脚手架、里脚手架等单项脚手架；综合脚手架适用于能够按"建筑面积计算规则"计算建筑面积的建筑工程脚手架，不适用于房屋加层、构筑物及附属工程脚手架；

2. 同一建筑物有不同檐高时，按建筑物竖向切面分别按不同檐高编列清单项目；

3. 整体提升架已包含 2m 高的防护架体设施；

4. 脚手架材质可以不描述，但应注明由投标人根据工程实际情况按照国家现行标准《建筑施工扣件式钢管脚手架安全技术规范》JGJ 130、《建筑施工附着升降脚手架管理暂行规定》（建建［2000］230 号）等规范自行确定。

（2）垂直运输

表 9-2　垂直运输

项目编码	项目名称	项目特征	计量单位	工程量计算规则	工作内容
011703001	垂直运输	1. 建筑物建筑类型及结构形式 2. 地下室建筑面积 3. 建筑物檐口高度、层数	1. m² 2. 天	1. 按建筑面积计算 2. 按施工工期日历天数计算	1. 垂直运输机械的固定装置、基础制作、安装 2. 行走式垂直运输机械轨道的铺设、拆除、摊销

注：1. 建筑物檐口高度是指设计室外地坪至檐口滴水的高度（平屋顶系指屋面板底高度），突出主体建筑物屋顶的电梯机房、楼梯出口间、水箱间、瞭望塔、排烟机房等不计入檐口高度；

2. 垂直运输指施工工程在合理工期内所需垂直运输机械；

3. 同一建筑物有不同檐高时，按建筑物的不同檐高做纵向分割，分别计算建筑面积，以不同檐高分别编码列项。

（3）超高施工增加

表 9-3 超高施工增加

项目编码	项目名称	项目特征	计量单位	工程量计算规则	工作内容
011704001	超高施工增加	1. 建筑物建筑类型及结构形式 2. 建筑物檐口高度、层数 3. 单层建筑物檐口高度超过 20m，多层建筑物超过 6 层部分的建筑面积	m²	按建筑物超高部分的建筑面积计算	1. 建筑物超过引起的人工功效降低以及由于人工功效降低引起的机械降效 2. 高层施工用水加压水泵的安装、拆除及工作台班 3. 通信联络设备的使用及摊销

注：1. 单层建筑物檐口高度超过 20m，多层建筑物超过 6 层时，可按超高部分的建筑面积计算超高施工增加。计算层数时，地下室不计入层数；

2. 同一建筑物有不同檐高时，按建筑物的不同檐高做纵向分割，分别计算建筑面积，以不同檐高分别编码列项。

（4）大型机械设备进出场及安拆

表 9-4 大型机械设备进出场及安拆

项目编码	项目名称	项目特征	计量单位	工程量计算规则	工作内容
011705001	大型机械设备进出场及安拆	1. 机械设备名称 2. 机械设备规格型号	台次	按使用机械设备的数量计算	1. 安拆费包括施工机械、设备在现场进行安装拆卸所需人工、材料、机械和试运转费用以及机械辅助设施的折旧、搭设、拆除等费用 2. 进出场费包括施工机械、设备整体或分体自停放地点运至另一施工地点所发生的运输、装卸、辅助材料等费用

9.3 任 务 实 施

本任务的软件操作方法不必单独操作，可在建筑面积的结果中提取所需工程量，此处略。

9.4 任 务 小 结

本次任务介绍单价措施项目的工程量清单项目设置、项目特征描述内容、计量单位及清单工程量计算规则等内容。要求了解脚手架、垂直运输、超高施工增加、大型机械设备进出场及安拆的工程量清单项目名称设置内容，理解计算规则的相关规定，并能够熟练运用。

9.5　知　识　拓　展

在单价措施项目中，还有一项是混凝土模板及支架（撑），在实际工程中，存在两种计算方法，一是按混凝土实体体积计量的模板及支撑（支架）（单位 m³），吉林省定额的模板工程就是按混凝土的实体体积计量，见混凝土项目的相关计算规则，此处略。另一种方法是按模板与混凝土构件的接触面积计算（单位 m²），工程量清单项目设置、项目特征描述内容、计量单位及清单工程量计算规则如表 9-5 所示：

表 9-5　混凝土模板

项目编码	项目名称	项目特征	计量单位	工程量计算规则	工作内容
011702001	基础	基础类型		按模板与现浇混凝土构件的接触面积计算	
011702002	矩形柱				
011702003	构造柱				
011702004	异形柱	柱截面形状			
011702005	基础梁	梁截面形状			
011702006	矩形梁	支撑高度		1. 现浇钢筋混凝土墙、板单孔面积≤0.3 m² 的孔洞不予扣除，洞侧壁模板亦不增加；单孔面积>0.3 m² 时应予以扣除，洞侧壁模板面积并入墙、板工程量内计算	
011702007	异形梁	1. 梁截面形状 2. 支撑高度			
011702008	圈梁				
011702009	过梁				1. 模板制作 2. 模板安装、拆除、整理堆放及场内外运输 3. 清理模板粘结物及模内杂物、刷隔离剂等
011702010	弧形、拱形梁	1. 梁截面形状 2. 支撑高度	m²	2. 现浇框架分别按梁、板、柱有关规定计算；附墙柱、暗梁、暗柱并入墙内工程量计算	
011702011	直形墙				
011702012	弧形墙				
011702013	短肢剪力墙、电梯井壁			3. 柱、梁、墙、板相互连接的重叠部分，均不计算模板面积	
011702014	有梁板				
011702015	无梁板			4. 构造柱按图示外露部分计算模板面积	
011702016	平板				
011702017	拱板	支撑高度			
011702018	薄壳板				
011702019	空心板				
011702020	其他板				
011702021	栏板				
011702022	天沟、檐沟	构件类型		按模板与现浇混凝土构件的接触面积计算	
011702023	雨篷、悬挑板、阳台板	1. 构件类型 2. 板厚度		按图示外挑部分尺寸的水平投影面积计算，挑出墙外的悬臂梁及板边不另计算	

续表

项目编码	项目名称	项目特征	计量单位	工程量计算规则	工作内容
011702024	楼梯	类型	m²	按楼梯（包括休息平台、平台梁、斜梁和楼层板的连接梁）的水平投影面积计算，不扣除宽度≤500mm的楼梯井所占面积，楼梯踏步、踏步板、平台梁等侧面模板不另计算，伸入墙内部分亦不增加	1. 模板制作 2. 模板安装、拆除、整理堆放及场内外运输 3. 清理模板粘结物及模内杂物、刷隔离剂等
011702025	其他现浇构件	构件类型		按模板 现浇混凝土构件的接触面积计算	
011702026	电缆沟、地沟	1. 沟类型 2. 沟截面		按模板与电缆沟、地沟接触面积计算	
011702027	台阶	台阶踏步宽		按图示台阶水平投影面积计算，台阶端头两侧不另计算模板面积，架空式混凝土台阶，按现浇楼梯计算	
011702028	扶手	扶手断面尺寸		按模板与扶手的接触面积计算	
011702029	散水			按模板与散水的接触面积计算	
011702030	后浇带	后浇带部位		按模板与后浇带的接触面积计算	
011702031	化粪池	1. 化粪池部位 2. 化粪池规格		按模板与混凝土接触面积计算	
011702032	检查井	1. 检查井部位 2. 检查井规格			

以混凝土独立基础为例，基础模板一般只支设立面侧模，顶面和底面均不支设模板，假设基础底面边长为 a、b，基础底板高 h，则模板工程量为：

$$S=(a+b)\times 2\times h$$

9.6 思 考 和 练 习

1. 措施项目的清单项目名称有哪些？

2. 措施项目工程量计算规则是什么？

参 考 文 献

［1］ 房屋建筑与装饰工程工程量计算规范(GB 50854—2013).北京：中国计划出版社，2013.

［2］ 规范编制组.2013 建设工程计价计量规范辅导［M］.北京：中国计划出版社，2013.

［3］ 马文姝.建筑工程计量与计价［M］.北京：化学工业出版社，2016.

［4］ 彭波.G101 平法钢筋计算精讲［M］.北京：中国电力出版社 2014.

［5］ 上官子昌.16G101 图集应用-平法钢筋算量［M］.北京：中国建筑工业出版社 2016.

［6］ 王晓青，汪照喜.建筑工程概预算［M］.北京：电子工业出版社 2012.

［7］ 袁建新.建筑工程预算［M］.北京：高等教育出版社，2007.

［8］ 中国建筑标准设计研究院.混凝土结构施工图平面整体表示方法制图规则和构造详图。北京：中国计划出版社，2016.

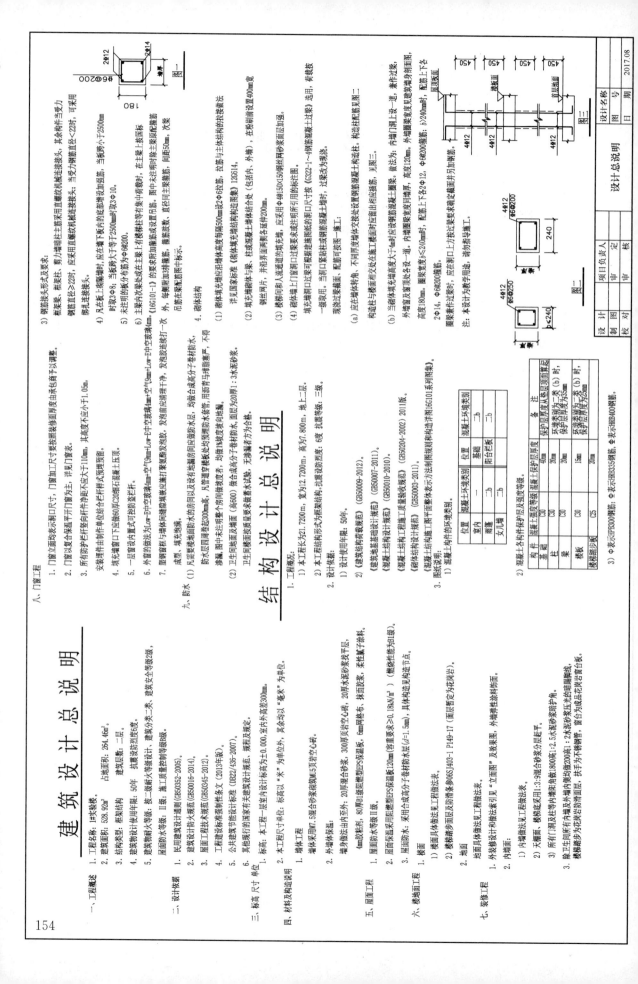

建筑设计总说明

一、工程概述

1. 工程名称：1#宿舍楼。
2. 建筑面积：528.92㎡。 占地面积：264.46㎡。
3. 结构类型：框架结构。 建筑层数：三层。
4. 建筑物设计使用年限：50年。 抗震设防烈度。
5. 建筑物耐火等级：按一级耐火等级设计，建筑分类二类。建筑安全等级二级。
6. 屋面防水等级：Ⅱ级。 施工质量控制等级。

二、设计依据

1. 民用建筑设计通则(GB50352-2005)。
2. 建筑设计防火规范(GB50016-2014)。
3. 屋面工程技术规范(GB50345-2012)。
4. 公共建筑节能设计标准规定(DB22/436-2007(2013年版))。
5. 其他现行的设计有关建筑设计规范、规程及规定。

三、标高及尺寸单位

1. 标高：本工程一层室内标高为±0.000，室内外高差300mm。
2. 本工程尺寸单位：标高以"米"为单位，其余均以"毫米"为单位。

四、材料及构造说明

1. 墙体工程
墙体采用M7.5混合砂浆砌筑MU5页岩空心砖。
2. 屋面工程
屋面防水等级Ⅱ级。
3. 外墙保温
屋面保温采用80厚B1级挤塑型EPS保温板(容重要求≥0.18kN/m²)，具体构造见构造大样。
4. 屋面防水：采用合成高分子卷材防水层(d=1.5mm)，具体构造见构造大样。
墙身做法由室外至室内：20厚混合砂浆，300厚页岩空心砖，20厚水泥砂浆找平层，4mm胶粘剂，80厚B1级配套型EPS保温板，6mm网格布，抹灰胶浆，柔性腻子涂料。(燃烧性能别级)。

5. 楼地面工程
1) 楼面做法见工程做法表。
地面做法见工程做法表。

6. 地面
地面做法见工程做法表。

七、装修工程

1) 内墙面
内墙面做法见工程做法表。
2) 天棚面
楼梯踏步面及防滑条参见5J403-1 P149-17 (面层暂定为花岗岩)。外墙弹性涂料饰面。
3) 所有门洞及内墙阴阳角均做1:2.5水泥砂浆护角。
除卫生间内墙及外墙内侧均做200高1:2水泥砂浆踢脚线，楼梯踏步为花岗岩饰面踏面，窗台为成品花岗岩窗台板。

八、门窗工程

1. 门窗立面的表示洞口尺寸，门窗加工尺寸由厂家按照装修面层包裹厚度而定可以调整。
2. 门窗以复合保温平开门窗为主，详见门窗表。
3. 所有防护栏杆竖向杆件净距不应大于110mm，其高度不应小于1.05m。安装栏杆件由制作单位结合栏杆形式预埋预留。
4. 凡无窗洞口下设置60厚C20钢筋混凝土压顶。
5. 一层窗设百叶式防护栏杆。
6. 外窗的做法为Low-E中空玻璃窗+空气9mm+Low-E中空玻璃4mm+空气9mm+Low-E中空玻璃。
塑钢窗配套端横梁玻璃胶嵌缝应嵌平整要求嵌实缝严，不得渗漏，发泡前应清理干净，发泡胶逆缝打一次，图中未注明除三层塑钢窗，同距50mm，次窗。

九、防水

凡需楼地面防水的房间以及设有排水措施的墙面同应设置防水层，均做合成高分子卷材防水，防水层四周沿墙翻卷起300mm高，凡管穿楼板处均均匀塞嵌防水套管，用防管堵嵌塞严，不得渗漏。图中未注明整个房间做法。均匀1%坡度向地漏。
卫生间地面及墙面(高600)做合成高分子卷材防水，面层20厚，1%坡度为分格。
卫生间防水层底层质量要求最薄处为为合格，无渗漏不为合格。

结构设计总说明

1. 工程概述：
1) 本工程长约21.7200m，宽约12.7200m，高为7.800m，地上三层。
2) 本工程结构形式为框架结构，抗震设防烈度：6度 抗震等级：三级。

2. 设计依据：
1) 设计使用年限：50年。
2) 《建筑结构荷载规范》(GB50009-2012)。
《建筑地基基础设计规范》(GB50007-2011)。
《混凝土结构设计规范》(GB50010-2010)。
《混凝土结构工程质量验收规范》(GB50204-2002) 2011版。
《砌体结构设计规范》(GB50003-2011)。

图纸说明：
1) 本结构施工图将完整全部表示方法注法说明和构造详图引用图标(6G101系列图集)。
2) 混凝土各构件保护层及混凝度等级

构件	混凝土强度等级	位置	混凝土保护层厚度	混凝土耐久性环境类别	备注
基础	C30	室内	40mm	一	混凝土耐久性从人的环境表
柱	C30	雨棚	20mm	二b	环境类别一类时，保护层厚度35mm
梁	C30	女儿墙	20mm	二b	环境类别二类时，保护层厚度35mm
板	C30	阳台栏板	15mm	二b	环境类别二类时，保护层厚度35mm
楼梯踏步板	C25		20mm		

3) Φ表示HPB300钢筋；Φ表示HRB335钢筋；Φ表示HRB400钢筋。

（右列 结构说明续）

3) 钢筋连接形式及要求：
框架梁、框架柱、剪力墙柱主筋宜采用直螺纹机械连接接头。其余构件当受力钢筋直径≥22时，应采用直螺纹机械连接接头。当受力钢筋直径<22时，可采用绑扎连接接头。
框架柱、剪力墙柱主筋宜采用直螺纹机械连接接头。
4) 凡板上砖墙底部，应在墙下板内的底部增设加强筋。当板跨小于2500mm时宜3Φ8；当板跨大于等于2500时宜3Φ10；未注明的板分布筋为Φ6@200。
5) 主梁内放置次梁上有集中荷载时(如次梁处)，在主梁上按图集(16G101-1)的要求附加箍筋或吊筋，图中未注明除主梁采用吊筋或吊杆，在主梁上附加箍筋，箍数放置次梁两侧主梁上，直径同主梁箍筋，次梁吊筋在架筋处在图中标示。

4. 砌体结构

(1) 砌体沿墙高每隔500mm设2Φ6拉筋，拉筋与主体结构的拉接做法详见国家标准《砌体填充墙结构构造图集》12G614。
(2) 填充墙构造柱：柱宽度等于墙厚，构造柱、过梁、圈梁混凝土强度等级采用C20，选用、在砌筑混凝土过梁，现浇砼梁或现浇混凝土墙，浇法为一遍浇。
(3) 墙体同一标高沿墙长度每隔200mm设一道。
(4) 填充墙门窗洞口过梁可采用窗套型建渣混凝土一级做法。当洞口采用建渣混凝土墙时，过梁皆为现浇。

(a) 应采取墙转角、不同厚度相接处在设置混凝土过梁。构造柱柱配筋见图二。
(b) 当墙长大于5m处应设置墙身柱。内门门窗下设一道，兼作过梁。
外墙窗台下设一道，高度120mm，外墙窗梁见建筑详图高度180mm。圈梁宽度为240mm时，配筋上下各2Φ12，Φ6@200箍筋。
配筋上下各4Φ14，Φ6@200箍筋。

注：本设计为未注明做法，请勿擅自更改施工。
圈梁柱遇到门、窗洞口处，应在洞口上方按过梁要求做梁另加横筋。

（图框右侧标题栏）

设计名称		
图号		
日期	2017.08	
	设计总说明	

项目负责人	定
审 核	
审 定	
设计	
制图	
校对	

图一 图二 图三

工程做法表

编号	适用范围	名称	示意图	说明	备注
1	所有房间	顶棚		素水泥浆结合层 10厚1:3:9混合砂浆找平层 刮大白(两遍)	
2	所有房间	内墙面		20厚1:3:9混合砂浆找平层 刮大白(两遍)	卫生间改为: 20厚1:3水泥砂浆找平 300×600面砖到顶
3	二层房间	楼面		地砖面层 20厚1:3水泥砂浆找平层 细石混凝土C20(40mm厚) 找平层(1:3水泥砂浆20mm厚) 结构层	卫生间改为: 防滑地砖 20厚1:3水泥砂浆找平层 高分子防水层(1.5mm厚) 找平层(1:3水泥砂浆20mm厚) 结构层 机房改为: 面层防静电地板
4	一层房间	地面		地砖面层 20厚1:3水泥砂浆找平层 细石混凝土C20(40mm厚) 外墙边1m,木龙骨铺设 挤塑聚苯板(40mm 30kg/m³) 高分子防水层(1.5mm厚) 找平层(1:3水泥砂浆20mm厚) 100厚C15混凝土垫层 200厚碎石灌M5混合砂浆 素土夯实	卫生间改: 面层防滑地砖 其余做法为: 面层铺地砖
5	外墙四周	室外散水		20厚1:3水泥砂浆面层 80厚C10混凝土,每隔6000mm一道沥青灌缝 500厚砂护坡垫层向外坡5% 素土夯实	
6		室外台阶		防滑花岗岩 20厚1:3水泥砂浆找平层 100厚C15混凝土 500厚毛石做M5灰浆 1000厚护坡防冻标层 素土夯实	
7		室外坡道		火岗板 20厚1:2水泥砂浆面 100厚C15混凝土 500厚毛石做M5灰浆(最低处) 1000厚护坡防冻标层 素土夯实	
8	除卫生间外所有房间	踢脚		地砖踢脚	

门窗表

类别	图纸编号	宽	高	数量	
门	M0821	800	2100	4	实木门
	M1021	1000	2100	6	实木门
	M1221	1200	2100	12	塑钢门
	M1830	1800	3000	1	保温门
	M1528	1500	2800	1	保温门
窗	C1821	1800	2100	23	塑钢窗
	C1220	1200	2000	3	塑钢窗

设 计		项目负责人		设计名称	1#实验楼
制 图		审 定		图 号	
校 对		审 核		日 期	2017.08

门窗表及工程做法

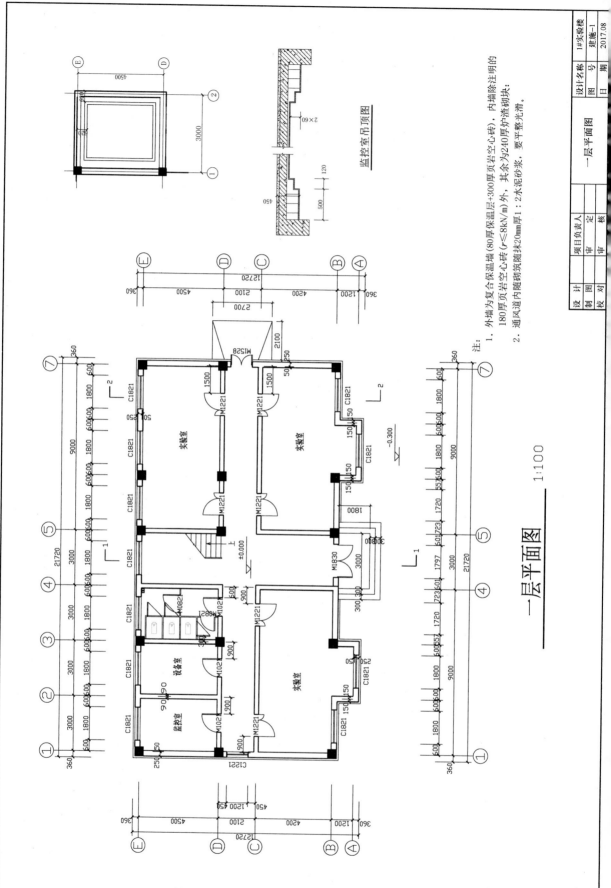

一层平面图 1:100

注：
1. 外墙为复合保温墙（80厚保温层+300厚页岩空心砖），内墙除注明的180厚页岩空心砖（ρ≤8kN/m）外，其余为240厚炉渣砌块：
2. 通风道内随砌筑随抹20mm厚1：2水泥砂浆，要平整光滑。

监控室吊顶图

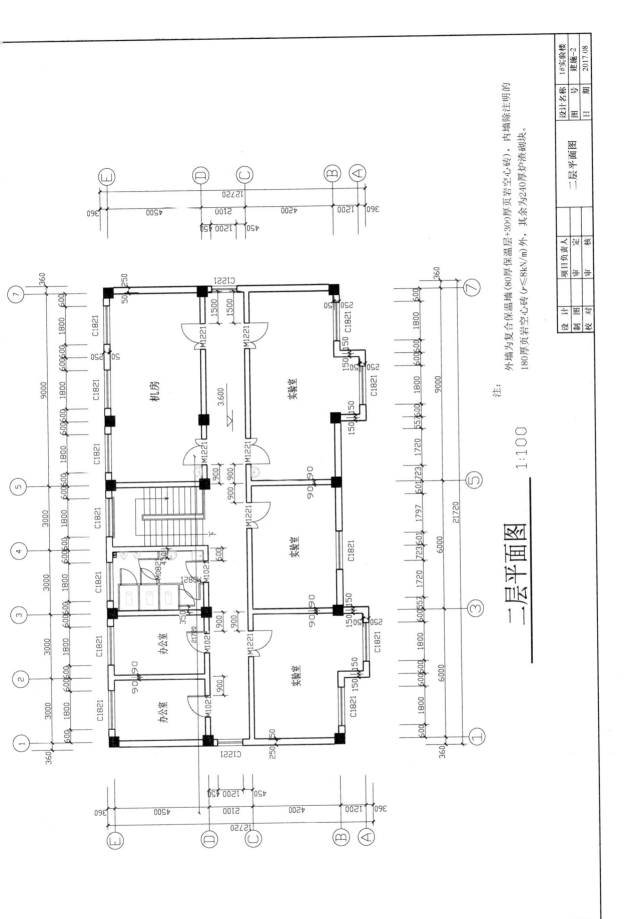

二层平面图 1:100

注：
外墙为复合保温墙(80厚保温层+300厚页岩空心砖)，内墙除注明的180厚页岩空心砖(γ≤8kN/m³)外，其余为240厚炉渣砌块。

机房

实验室

实验室

实验室

办公室

办公室

设计名称	1#实验楼
图 号	建施-2
日 期	2017.08

二层平面图

项目负责人	定
设 计	审
制 图	审 核
校 对	

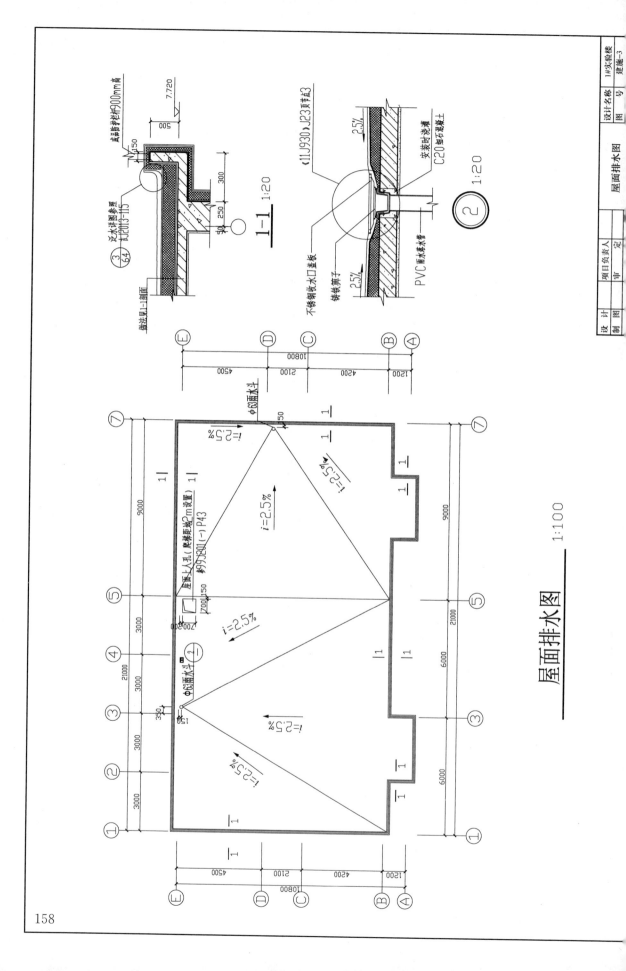

屋面排水图 1:100

1-1 1:20

2 1:20

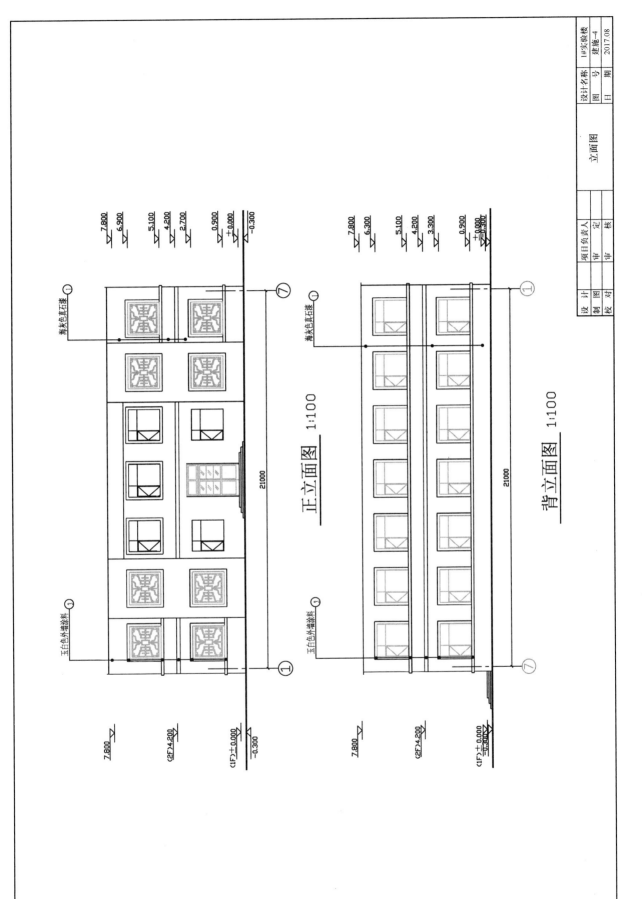

正立面图 1:100

背立面图 1:100

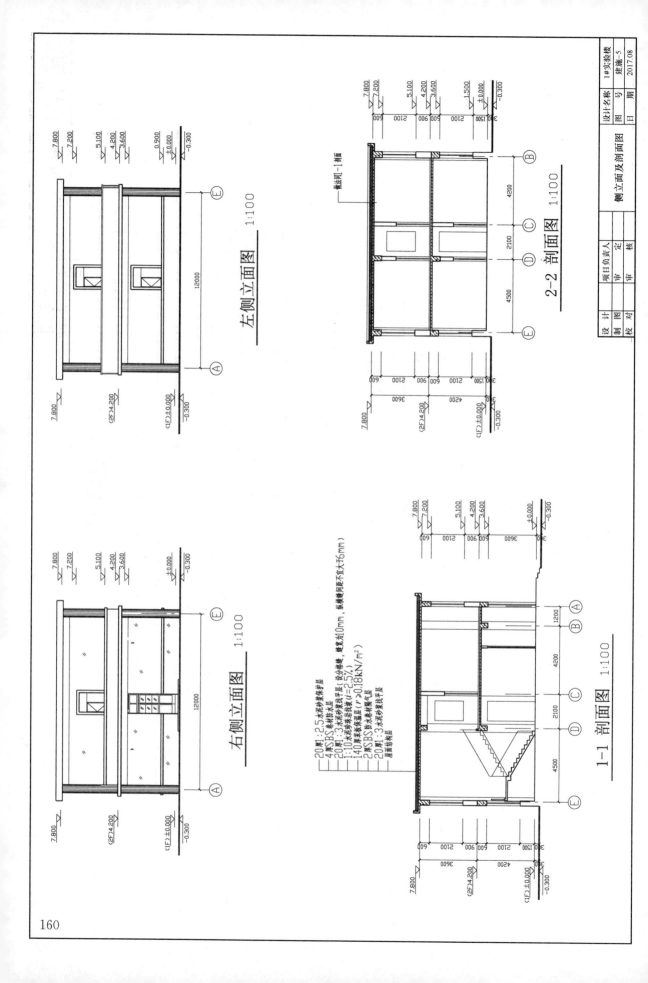

左侧立面图 1:100

右侧立面图 1:100

2-2 剖面图 1:100

1-1 剖面图 1:100

20厚1:2.5水泥砂浆保护层
4厚SBS卷材防水层
20厚1:3水泥砂浆找平层(设分格缝, 缝距不大于10mm, 纵横缝间距不宜大于6mm)
1:10水泥珍珠岩找坡层(i=2.5%)
140厚聚苯板保温层(r≥0.18kN/m²)
20厚SBS防火卷材隔气层
20厚1:3水泥砂浆找平层
屋面结构层

截面1-1剖面

设计名称	1#实验楼
图 号	建施-5
日 期	2017.08

项目负责人	定
审 核	
审 核	

设 计	
制 图	
校 对	

侧立面及剖面图

160

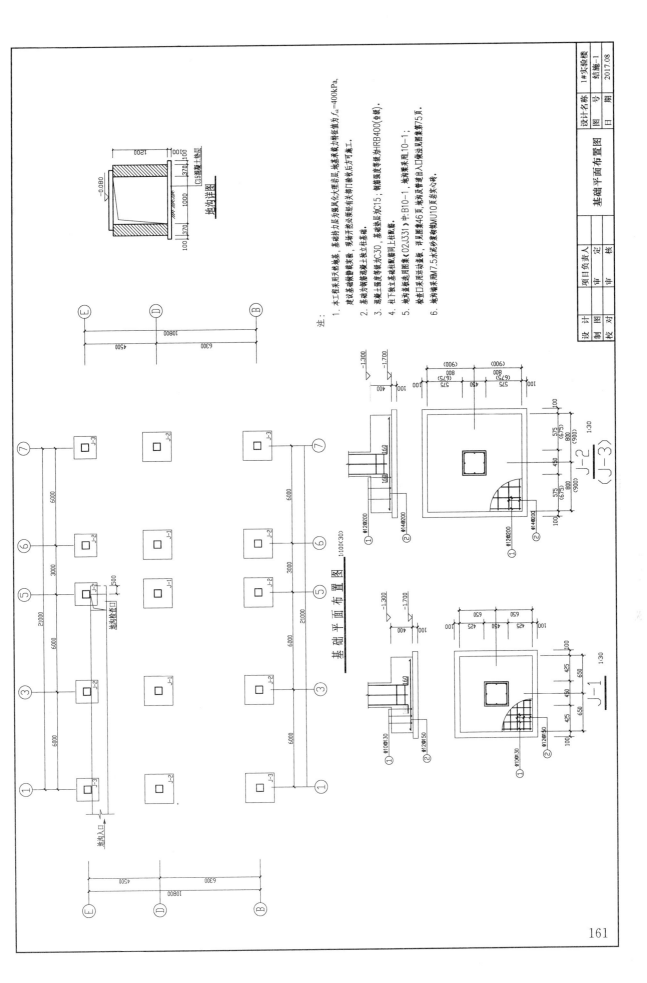

注：
1. 本工程采用天然地基，基础持力层为微风化大理岩层，地基承载力特征值为 $f_{ak}=400$kPa，建议基础做整体支撑，现场开挖必须有关部门验收后方可施工。
2. 基础为钢筋混凝土独立基础。
3. 混凝土强度等级为C30，基础垫层为C15，钢筋采用HPB300、HRB400（Φ级）。
4. 柱下独立基础柱配筋同上柱配筋。
5. 地沟盖板见图集《02J331》中：B10-1，地沟采用10-1；
   检查口采用活动盖板，详见图集46页，地沟及管道出口做法见第75页。
6. 地沟墙采用M7.5水泥砂浆砌MU10页岩实心砖。

基础平面布置图　1:100(C30)

地沟详图

基础平面布置图

J-2（J-3）　1:30

J-1　1:30

设计名称	1#实验楼
图号	结施-1
日期	2017.08

基础平面布置图

项目负责人	定
审核	
审	

设计	
制图	
校对	

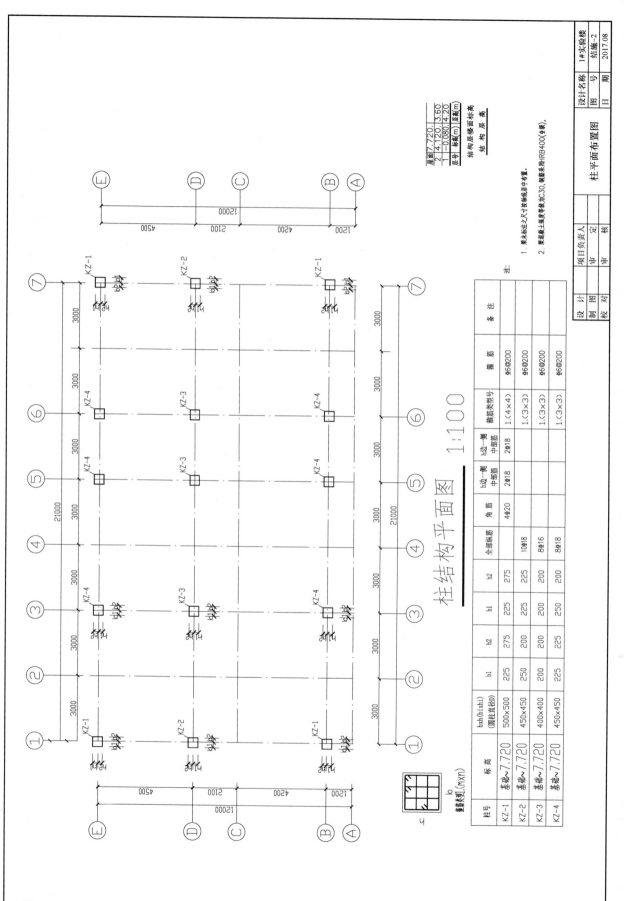

柱结构平面图 1:100

结构层高

屋面	7.720	
2	4.120	3.60
1	-0.080	4.20
层号	标高(m)	层高(m)

柱号	标高	b×h(b×h) (圆柱直径D)	b1	b2	h1	h2	全部纵筋	角筋	b边一侧 中部筋	h边一侧 中部筋	箍筋类型号	箍筋	备注
KZ-1	基础~7.720	500×500	225	275	225	275		4Φ20	2Φ18	2Φ18	1.(4×4)	Φ6@200	
KZ-2	基础~7.720	450×450	250	200	225	225	10Φ18				1.(3×3)	Φ6@200	
KZ-3	基础~7.720	400×400	200	200	200	200	8Φ16				1.(3×3)	Φ6@200	
KZ-4	基础~7.720	450×450	225	225	250	200	8Φ18				1.(3×3)	Φ6@200	

注:
1. 未未标注之XY方向轴线居中布置.
2. 柱混凝土强度等级为C30,钢筋采用HRB400(Φ级).

柱平面布置图

设计名称	1#实验楼
图 号	结施-2
日 期	2017.08

项目负责人		定
审 定		
审 核		

设 计	
制 图	
校 对	

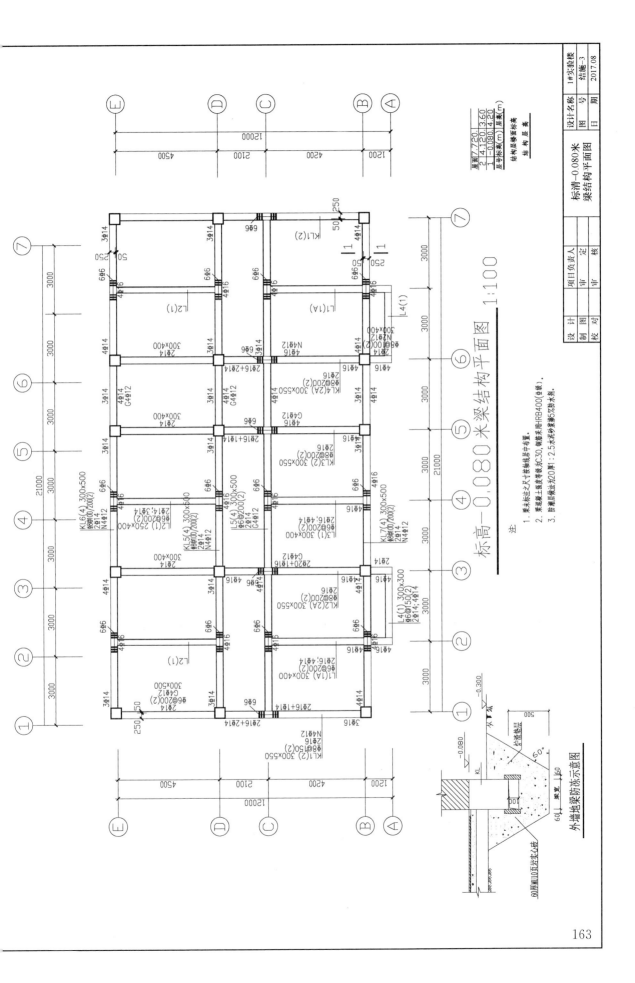

标高-0.080米梁结构平面图 1:100

注:
1. 图中未标注之尺寸详建筑竣工图中置。
2. 梁柱混凝土强度等级为C30,钢筋采用HRB400(Φ级)。
3. 防潮层距出地20厚1:2.5水泥砂浆5%防水剂。

外墙地梁防冻示意图

设计名称		1#实验楼
图 号		结施-3
日 期		2017.08

项目负责人	定		标高-0.080米
审 定			梁结构平面图
审 核			
设 计			
制 图			
校 对			

屋面7.720 1
2 4.120 1.360
1-0.080 4.20
层号标高(m)层高(m)

结构层楼面标高
结 构 层 高

163

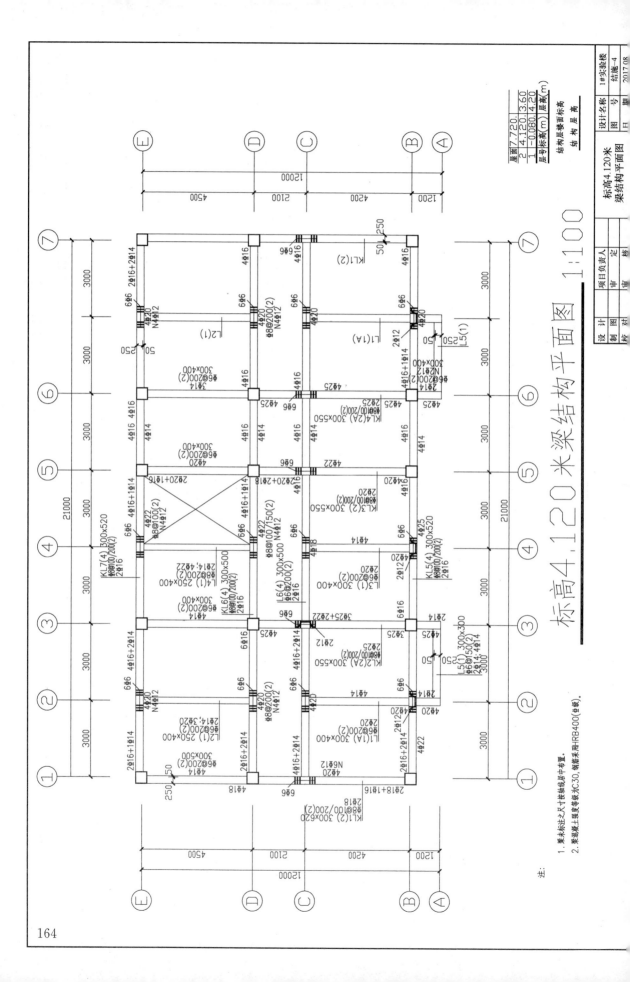

标高4.120米梁结构平面图 1:100

注：
1. 梁未标注之尺寸按轴线居中布置。
2. 梁混凝土强度等级为C30，钢筋采用HRB400(全部)。

设计名称		1#实验楼
图 号		结施-4
日 期		2017.08

结构层楼面标高
结构层高

屋面	7.720.
2	4.120、3.60
1	-0.080、4.20
层号 标高(m)	层高(m)

设 计		项目负责人	定
制 图		审 定	审
校 对		校 核	核

164

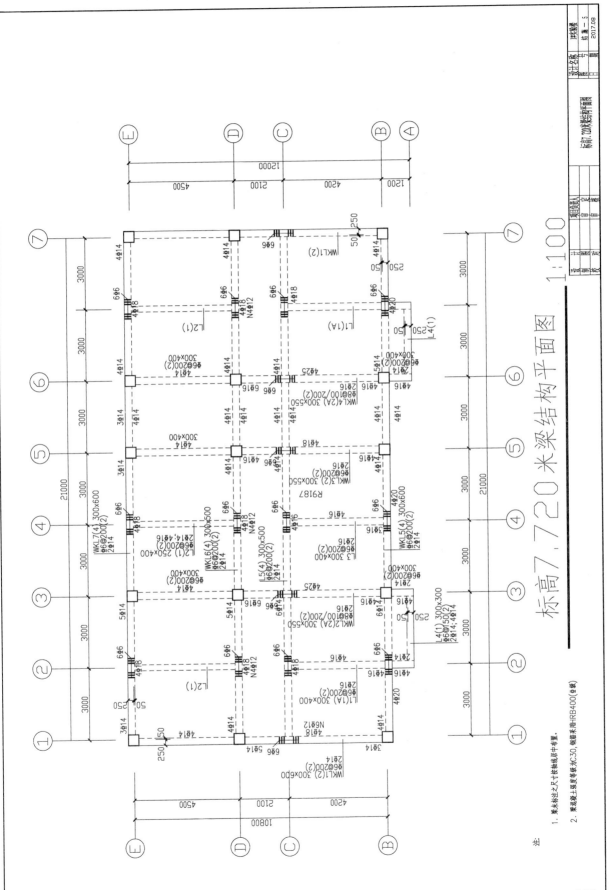

标高7.720米梁结构平面图 1:100

注:

1. 梁未标注之尺寸详结构总说明中布置。

2. 梁混凝土强度等级为C30,钢筋采用HRB400(Φ级)。

165

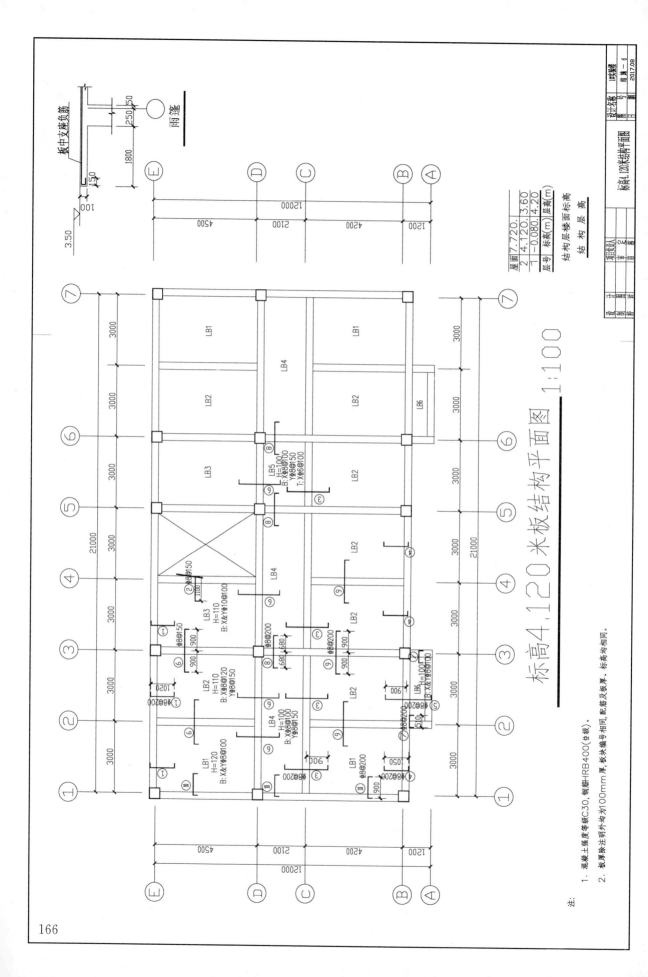

标高4.120米板结构平面图 1:100

注:
1. 混凝土强度等级C30, 钢筋HRB400(Φ级)。

2. 板厚除注明外均为100mm厚, 板块编号相同, 配筋及板厚, 标高均相同。

166

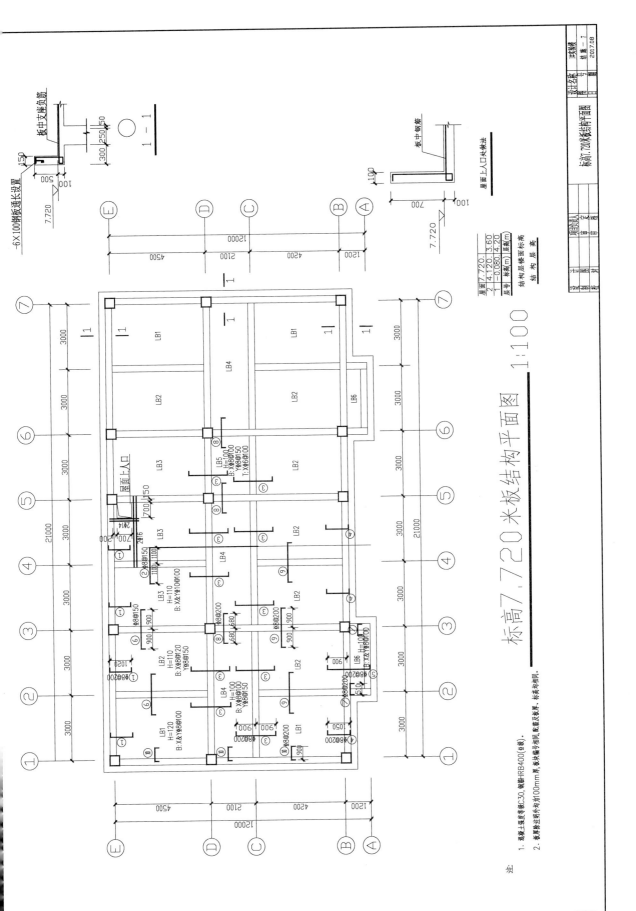

标高7.720米板结构平面图 1:100

注:
1. 混凝土强度等级C30，钢筋RB400(ⓑ级)。
2. 板厚除注明外均为100mm厚，板块编号相同，配筋及板厚、标高均相同。

167

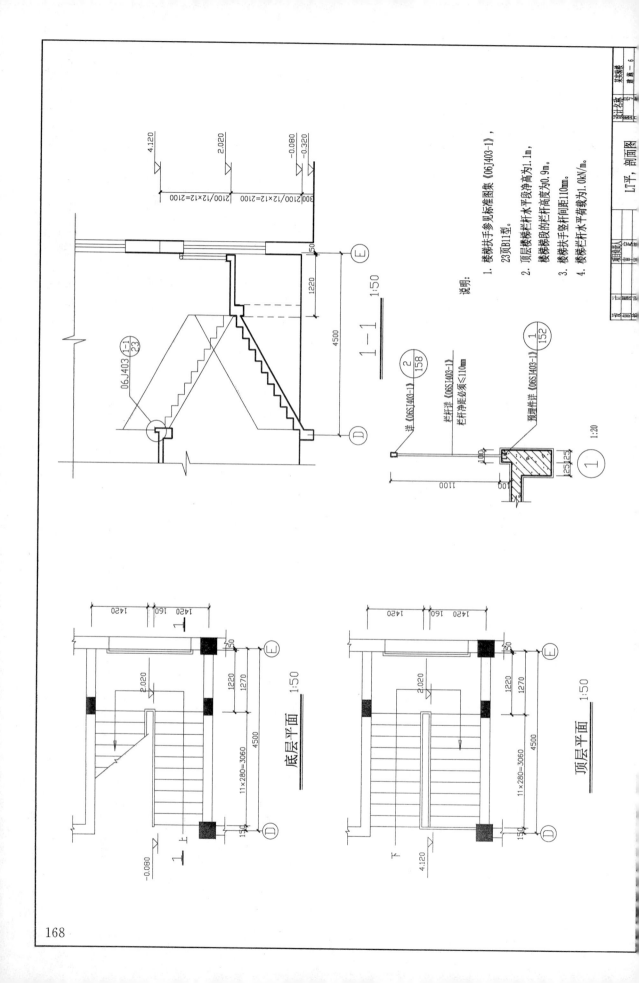

说明：

1. 楼梯扶手参见标准图集《06J403-1》，23页B11型。

2. 顶层楼梯栏杆水平段净高为1.1m，楼梯梯段的栏杆净高度为0.9m。

3. 楼梯扶手竖杆间距110mm。

4. 楼梯栏杆水平荷载为1.0kN/m。

1—1 1:50

底层平面 1:50

顶层平面 1:50

LT平、剖面图

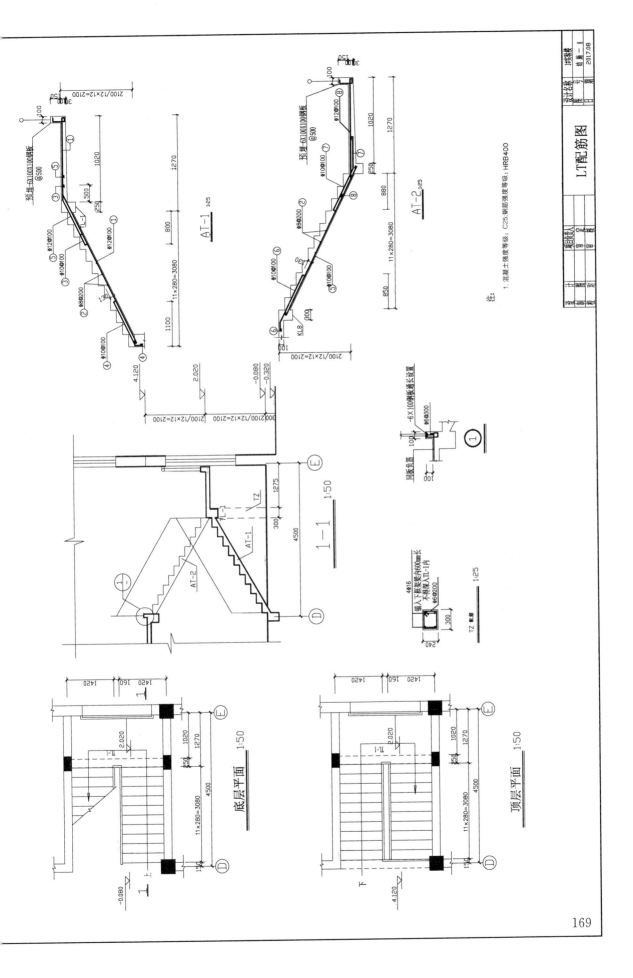

AT-1 1:25

AT-2 1:25

预埋-6X100X100钢板
@500

回板负筋

1

TZ 配筋
1:25

1—1 1:50

底层平面 1:50

顶层平面 1:50

注:
1. 混凝土强度等级: C25;钢筋强度等级: HRB400

LT配筋图